即使生病，即使年老
也要跟最爱的人一起吃饭

［日］久理子／著

郭雅馨／译

青岛出版社
QINGDAO PUBLISHING HOUSE

图书在版编目（ＣＩＰ）数据

即使生病，即使年老，也要跟最爱的人一起吃饭 /
（日）久理子著；郭雅馨译 . — 青岛：青岛出版社，2021.7
　　ISBN 978-7-5552-9784-0

　　Ⅰ . ①即… Ⅱ . ①久… ②郭… Ⅲ . ①食谱—日本
Ⅳ . ① TS972.183.13

中国版本图书馆 CIP 数据核字 (2021) 第 093170 号

山东省版权局著作权合同登记 图字：15-2020-137 号

书　　　名	即使生病，即使年老，也要跟最爱的人一起吃饭
著　　　者	［日］久理子
译　　　者	郭雅馨
出版发行	青岛出版社
社　　　址	青岛市海尔路 182 号（266061）
本社网址	http://www.qdpub.com
邮购电话	0532-68068091
责任编辑	傅刚　　E-mail：qdpubjk@163.com
封面设计	祝玉华
照　　　排	光合时代
印　　　刷	青岛双星华信印刷有限公司
出版日期	2021 年 7 月第 1 版　2021 年 7 月第 1 次印刷
开　　　本	32 开（148mm ×210mm）
印　　　张	7
字　　　数	120 千
书　　　号	ISBN 978-7-5552-9784-0
定　　　价	39.80 元

编校质量、盗版监督服务电话 4006532017　　0532-68068050
建议上架类别：健康生活

序

　　我的丈夫明夫罹患口底癌，导致咀嚼困难，于是我开始为他做护理餐。

　　做护理餐遇到的第一个难题就是缺乏这方面的烹饪指导。喜欢美食的明夫只能吃流食餐。我强烈希望自己为他做出既带来营养又美味可口的流食餐。"无论如何我都要做出来！"尽管这也给我自己平添了诸多困惑。

　　整天待在厨房里，日复一日地重复着烹饪实验的失败。由于无法做出理想的护理餐，我一时间陷入心灰意冷的窘境与焦虑之中，内心几近崩溃。

　　幸运的是，有一天，凭着一个小小的发现和灵感做出的美餐顺利地解决了我全部的烦恼。从那以后，唤醒明夫食欲的点子一个接一个浮现出来。这些"我家自创的新食谱"再次给餐桌带来了无尽的欢笑。

"啊！原来护理餐是一种新型的家庭料理！"一时间，我顿开茅塞，在厨房里情不自禁地挥舞双臂摆了个胜利的姿势。

时间一天一天过去，明夫的精力日渐恢复，每天都充满着希望。

明夫终于顺利康复，重新回到了公司上班。

可是，幸福并没有持续多久，明夫的癌症复发了，这次医生宣告他来日无多。明夫在他五十五岁的那个冬天去世，结束了三年半的抗癌生活。

世界上肯定还有不少人和我一样因为不知如何制作护理餐而烦恼不已，或者苦思冥想吧。由于疾病和衰老等各种原因，有的人再也无法享用自己喜欢的美食，失去了舌尖上的乐趣。因为希望自己为了明夫的开心欢笑和康复而制作的"希望之餐"也能为这些人提供帮助，我取得了护理餐顾问的资格，并开始服务于大众。

本书并非记载病情、治疗过程和治疗效果的抗癌记录。根据每个人不同的情况、不同的家庭，护理的方法自然也各有不同。我只是希望我们夫妇的故事，可以对某些读者在护理病人的日子里遇到此类问题时有所启发。

本书邀请了日本大学齿学部摄食机能疗法学讲座副教授阿部仁子先生予以指导。书中刊载的护理餐食谱并未刻意限制盐分、糖分、热量和胆固醇。在制作过程中，一切以食材易于吞咽、美味可口、外观增进食欲为目的。

如本书能使众多人获益，我将不胜荣幸。

久理子 （保森千枝）

目录

第一章

"傻夫妻"面对癌症

美食家丈夫失去了咀嚼能力

啊！明夫回来了！

咔嚓！（用钥匙开门的声音）

啊,明夫回家了。

我赶紧关掉电视，从客厅轻手轻脚地躲进了卧室。

"咦，久理子，没在家？"

明夫到处找我。他走进厨房又出来，敲了敲卫生间的门。

"在里面吗？"

当然没有回音，里面压根就没有人！

明夫走近卧室。他很快就会注意到卧室的窗帘一角不自然地隆起，我知道自己快藏不住了。

我从窗帘后面猛地探出头，和明夫打了个照面。

"嗨！明夫！"

明夫笑了，我也笑了。"找到了！"

老大不小的一对夫妻竟然在家里玩起了捉迷藏？！而且妻子还直呼丈夫其名？！我想很多人会惊讶吧。

认识一下，我是明夫的妻子久理子。

　　我觉得丈夫累了一天筋疲力尽回到家，每天都一成不变地对他说"您回来了！"太枯燥无味了。"咦？在哪儿呢？"他开始在家里东寻西找。玩"捉迷藏"更有乐趣。

　　或许有人问：你们天天如此？当然不是。平时我都是飞奔到玄关，搂着明夫的脖子道声："欢迎回家！"仅此而已。

　　说实话，这件事我从未跟闺蜜们说过。如果一不留神说漏了嘴，人家一定会大吃一惊："真是一对傻夫妻呀！"

　　直呼其名充满爱意。没有生儿育女的夫妻生活就是二人世界，说什么做什么都不为过，每一天过得普普通通，甜甜蜜蜜。

　　我们真是一对傻夫妻？……

　　让大家见笑了。呵呵……

卿卿我我的美好生活

　　遇到下雨天，我就劝明夫："外面下雨了，今天干脆请假吧。"

　　要是在去车站的路上西服被雨淋湿了，他在电车里一定很不舒服，想想我都替他感觉难受。我不想让他去受这份罪，两个人可以在温暖的家里卿卿我我宅上一整天。

可是明夫每次都是说："我出门是要去上班呐！不然这跟旷课有什么两样？"他就像根本没听见我的话一样，径自走出了家门。我只好在阳台上目送着他的背影直到看不见为止。看着风雨中明夫远去的背影，我的心里总是有些不舍。

他生病了，我想替他分担痛苦；他不开心，我也会为他分忧。所以，遇上雨雪天气，当然也包括刮大风的时候，我都会劝他："我说，今天就别去公司了吧。"

明夫也不输于我。他宣称自己是个"老婆迷"，尽可能拿出时间来哄我开心。同学聚会之类的场合，他都会带着我一起出席。我想做什么，他都百依百顺，每天都对我说："在这个世界上，你是我的最爱。"我做任何一件事他都会赞不绝口。一向黏人的我意识到明夫也离不开我，只要他说上一句"两个人在一起就很幸福"，我的心里就美滋滋的。

说起来，我这个人好胡思乱想，每次都是明夫用他的语言和行动提醒我，鼓励我，给我自信。他以积极向上的生活热情引导着我。回想起来，我像孩子一般一直无忧无虑地生活在明夫的摇篮之中。我是不是也能让明夫自由自在地生活呢？有时生活中我们彼此间就像父母和孩子、兄妹或姐弟一般。"我爱你多一点。""不，我爱你更多。"这样的打情骂俏虽然听上去有些肉麻，但是很开心。

另外，明夫特别喜欢自己的工作。

工作与美食不可辜负

有时明夫工作到三更半夜才回家，但从未听他抱怨过半句。一回到家，他就会喝着小酒，眉飞色舞地跟我唠叨一些职场上的事：当天遇到的某人多么有魅力，同僚和部下们说了些什么话，还有工作中发生的趣事……他说话的时候兴高采烈，两只眼睛闪闪发亮，就像孩子向妈妈汇报当天发生的琐事一样。

每当他从事的行业发生变化的时候，他就会买来很多相关的书籍，认真地研究一番。有时候也会以"实地考察"为名出门逛街。他负责促销品工作的时候，每次假期也都会去杂货店逛上一番。

而且，每次去他都要带上我："要不要一起去呀？"

跟他同去做事也很开心。

明夫在家俨然一副不拘小节的样子（可以说是邋邋遢遢）。有时我甚至怀疑："他这副样子在公司里能干好工作吗？"不过，看到他在家里接到工作电话的时候那副雷厉风行的样子，我悬着的心也就放下了。

记得明夫曾经说过："能做这份工作真的是太幸福了，这是我的天职。我想一直在这里工作。"早上看到明夫出门的背影就能感觉出来，只要一出家门，他满脑子都是工作。我故意拿他喜欢的工作刁难他说："我和工作，哪个更重要？"一番软磨硬泡之后，他终于开了口："久理子。"

明夫的人缘很好。让我惊讶的是，我们订下婚事后，他立马就把我介绍给他学生时代的好友们认识。

其中有位好友上中学时母亲就过世了。明夫提议："他肯定很孤单，今后我们一起给他过生日吧。"于是就给他办了一场生日聚会。从那以后，我们每年都坚持给他过生日，没有间断过。

从儿时的玩伴，到小学、初中、高中以及大学同学，他的朋友太多了，关系也亲密。而且，每逢遇到同学或朋友聚会，他都会叫上我："你也来吧。"现在他们也都成了我无可取代的好友了。

明夫喜欢邀请朋友和同事来家里做客，结婚之后我们几乎每周都会在家搞家庭聚会。我们两人商量着做什么菜来招待客人，不仅做日本料理，还做过中国菜、意大利菜、法国菜和印度菜。明夫总是会非常开心地试吃，每次都亲手制作好"今日菜单"送给来聚会的朋友。明夫的手工做得也好，水平可以跟

女孩子媲美，房间里装饰的花都是明夫亲手做的。我们的料理大受欢迎，常有朋友向我们讨教食谱和烹饪方法。

每次聚会完了，明夫总会慰劳我："久理子，谢谢你，真的很好吃呀。"这些愉快的经历，促使我走上了专业料理师的道路。

有道是，食乃乐事，食乃人生。

用电饭煲煮的米饭，用飞鱼和鲣鱼熬成的高汤做汤汁的乌冬面，以及汤汁十足的鸡蛋卷，炖透入味的芋头，自家腌制的肉或鱼，煮熟的青毛豆，色泽鲜亮的紫茄子，还有豆腐味噌汤，配菜用的脆切卷心菜……

极普通的食材，经过一番精工细作后让人食欲大增。香气扑鼻的米饭，清澈的高汤，豆子炖出的香甜味道，连切菜的声音都变得富有韵味。整个过程悠闲而奢侈。正因为旁边陪吃的人啧啧称赞"好吃，好吃"，才能体会到这时光有多么幸福。

共赴专业料理制作之路

我从小喜欢做菜，却从未想过要走专业的烹饪之路。几乎每周都搞的家庭聚会上总有人问我："可以告诉我做法吗？""开间料理教室怎么样？"久而久之便让我动了念头。

结婚后我成了家庭主妇，明夫总是回家很晚，还经常不在家吃饭，我也因此有了大把的时间，开始后悔自己不该辞职在家。

尽管别人只是随便说说，我竟一下子来了兴致："料理教室？啊，这主意不错！"

我跟明夫说："我想开一间料理教室。"他立刻回答："啊，很好呀。久理子喜欢就干呗。"当时正好时兴意大利菜，我便打定主意："要开就开意大利料理教室！"

接下来，我便和明夫齐心协力大干起来。

我先去明夫为我推荐的料理教室听课。那是一间意大利料理专门店开办的料理教室。明夫还带着我去了几家口碑不错的意大利餐厅吃饭。他说："要想做得好吃，必须先吃好才行！"回到家，我便模仿那些餐厅的菜品试着做给明夫吃。做得好吃，他就高兴。为了让他开心，为了让他夸赞，我使尽了浑身解数。

我提出："为了搭配好意大利菜，我想去学一下有关意大利葡萄酒的课程。"明夫听罢二话没说就答应了。我又提出想去学习意大利语，明夫也欣然同意。五六年下来，明夫一直吃我做的意大利菜。他终于有一天开口对我说："你可以去开料理教室了。"

美食与工作相得益彰

我这个人一到关键时刻容易打退堂鼓。明夫就鼓励我："不要前怕狼后怕虎的，大胆干就是了！"

明夫为我制作了上百张料理教室的宣传广告页，我们两人冒着雨把这些传单投进了附近人家的邮箱里。随着学生不断增多，每周五天都开课，我和明夫厮守的时间也减少了，可是他说："别整天惦记我，专心开你的料理教室吧，当下这对你才是最重要的。"

正因为有了明夫在背后的鼓励和支持，我的料理教室才得以顺利发展，让我成为一名专业的料理师。我一直在想，自己原先只不过会点做菜手艺而已，是明夫支持我一步步走到今天的。

开料理教室的那段时间里，我的手因为整天刷盘子洗碗而变得粗糙。望着自己的手，我叹息道："哎，怎么成这个样子了。"明夫见状握住我的手认真地对我说："这是久理子努力的印证。这双手是我的骄傲。"

啊，明夫目睹了我努力创业的全过程才对我说这番话的。他真的是太温柔了。

我的心为之一热，更加喜欢他了。

每到年末，我们都是从十二月二十八日开始采购，准备年夜饭。从小在家里都是妈妈来做，结婚后理所当然由我来做，但其实每次都是和明夫一起做年夜饭。

虽然近三十道菜做起来费时费力，不过年夜饭里充满了日本料理的传统风味。每年都热热闹闹。"哦，这很好吃啊。""这个，做得好。"每次两个人都会自然地流露出笑容。亲手做菜，一起品尝，其乐无穷。

然而……

口底癌致明夫咀嚼障碍

"怎么不吃了？别那么任性呀。"

望着剩下将近一半量的医院餐，我不禁责备起明夫，而他只是沉默不语，无助地望着我。

明夫患了肺癌，手术后一年半，又发现他得了口底癌。

虽然手术很成功，大面积切除了口腔内的癌细胞，但是也造成了下颚麻痹，导致咀嚼障碍。手术后的二十七天里只能靠打点滴补充营养，导致他的体重大幅下降。我急切盼望他多吃饭，早日恢复体力，因此，我的语气也不由得严厉起来。

那天提供的医院餐只有两碗粥，而且是稀释了二十倍的稀粥，就是米和水的比例按一比二十熬出来的粥。普通的粥一般为一比五，所以一比二十几乎就跟清汤差不多。

手术后，明夫的下牙只剩下了左后方的一颗臼齿，要等病情稳定后才能装假牙（医生说，病情达到稳定需要两年左右的时间）。装假牙之前，吃东西所谓的"咀嚼"，只不过是用舌头和上颚将食物使劲顶碎而已。

由于下颚麻痹的缘故，吃饭时明夫先用小镜子照着，将盛有食物的汤匙放入口中，确认无误后，再用上唇压住食物，然后抽出汤匙。接着集中精力用舌头和上颚将食物顶碎，然后慢慢咽下。就这样，明夫通常要花一个半小时的时间艰难地吃着医院餐，最后往往是筋疲力尽，还是放弃了。

手术切除了明夫的部分舌头，接受移植再建手术造成了发音障碍。"要是不能说话就无法回去工作了。"这着实令明夫焦躁不安，一向不急不慢的他开始每天早中晚都努力进行口腔康复锻炼。

口腔康复锻炼是为了恢复"咀嚼""吞咽""说话"等口腔功能，用绕口令和"口腔体操"等方式来活动舌头和口腔肌肉，达到康复目的。

张大嘴巴，发声，活动舌头，鼓起腮颊，说绕口令，这样的训练一次需要三十至四十分钟。"口腔体操"是嘴唇和舌头的运动训练，反复发音："啪啪啪啪""嗒嗒嗒嗒""咔咔咔咔""啦啦啦啦"……在发音过程中还要体会唇舌动作的差异。明夫努力用这种体操来训练口腔周围的肌肉。

　　日复一日，明夫每天都做着这种枯燥乏味的康复训练。尽管效果无法立竿见影，也不知道要坚持到什么时候才能好起来，但他没有一句怨言，也从不发脾气，从不言弃。那副默默地坚持锻炼的样子，透露出明夫想早日回到工作岗位的强烈愿望。

　　"真想早日回去上班!"

　　明夫的声音传到了我的耳中。

　　他多么希望重新工作，回到同事们中间。我一定要帮助他，让他重新振作起来。

　　"明夫，为了早日回到公司，振作起来吧，把一切交给久理子大人好了。"

　　我用拳头擂着自己的胸膛。

　　"嗯? 嗯! 久理子，你真是好样的。"

　　为了恢复体力，必须好好吃饭。

　　手术前医生就告诉我们，明夫可能会失去味觉，但手术后第一次喝味噌汤的时候明夫说了声"好吃"。谢天谢地! 看见明夫还有味觉，我那颗悬着的心放下了。

手术并没有夺走明夫作为美食家的舌尖之娱。我想，就算口腔麻痹不能咀嚼，但只要给他做好吃的饭菜，他就能吃下去，说不定品尝美食能帮助他尽快康复呢。真是太好了，我打心底感到高兴。

可是，明夫的进食能力受损严重。

我能做出让明夫吃得下的可口饭菜吗？

尽管我对家庭料理略知一二，但要说做护理餐我却心里没底。这就必须借助医学专家的智慧了，于是我决定先从了解当下日本护理餐的真实情况入手。

第二章

饭菜难咽，如何能恢复体力？

"可口的护理餐"何处寻？

吃饭才是硬道理

　　明夫患了口底癌，虽然大面积清除了口腔内的癌细胞，但是引起下颚麻痹，造成咀嚼障碍，而且落下了发音障碍的毛病。

　　这样下去肯定会影响工作，一向不紧不慢的明夫迅速加强了口腔康复训练。康复训练枯燥乏味，效果又不能立竿见影，坚持下来很不容易。我能体会到明夫拼命锻炼想早日恢复工作的急切心情，因此而感到心痛。

　　支撑康复训练需要体力。

　　首先要恢复一个月打点滴治疗过程中丢掉的体重。那就要好好吃饭。但是，医院提供的流食餐他只能吃一半剩一半。

　　平时一向很宠明夫的我也忍不住责备他说："为什么不吃？太任性了！"

　　"花了一个半小时，这碗稀饭和小菜还剩下一半，实在吃不下，可是下一顿的吃饭时间又到了。我都快累死了。要不，你自己来吃吃这些看！"

　　明夫不满地把餐盘推到了我的眼前。流食餐的配菜是将磨碎的鱼肉煮成松软的膏状，再做成鱼的形状。虽然每天或粉或绿，颜色有变化，但看上去就让人没胃口。我试着尝了一口……呃，比想象得更难吃。

手术后，明夫的下牙只剩下一颗臼齿，对于吃进嘴里的食物，根本无法咀嚼，只能用舌头和上颚来顶碎，而且由于下颚麻痹，即使把食物填进嘴里，也不知道自己是闭是合。可以想象一下，被牙医打了麻药之后，整个下颚失去知觉……在这种状态下吃东西谈何容易？

记得我曾和明夫并排坐在沙发上，我摸着他的下颚说："乖乖。"本以为他能说"好痒"，结果明夫说"一点感觉都没有"。听罢，我目瞪口呆。

所以，明夫吃饭的时候，要拿着镜子先确认汤匙的位置，再将盛有食物的汤匙放入口中，然后用上嘴唇压住食物后抽出汤匙，就算吃进嘴里了。要是不看着镜子，到不了位，食物就会从嘴边漏下来。将食物送入口中之后，他还要集中精力用舌头和上颚把食物压碎，然后慢慢咽下。明夫这样吃一顿饭要花一个半小时，吃到一半就感觉筋疲力尽，累得吃不下去了。

另外，大家可以想象一下，薄如清汤的稀粥（稀释二十倍，正常为五倍）肯定清淡寡味。

的确，花一个半小时吃顿饭真是太遭罪了。

再仔细一看，餐盘里还放着一块加工芝士。嗯？稀释了二十倍的稀粥他都喝不下去，他还能吃得下在嘴里根本就无法融化变软的芝士吗？要是奶油芝士还勉勉强强，吃加工芝士实在是强人所难了，无法咀嚼的明夫怎能吃得下？医院对明夫口腔的情况应当了如指掌，为什么还要让他吃这样的饭？

"是搞错了还是欺负人？怎么能这样对待我的明夫！"

这话当然不能说出口，再说医院也不可能搞错或欺负病人。这究竟是怎么回事呢？

我不仅对医院的护理餐产生了疑惑，也开始担心明夫出院后回家该吃什么。

在上一章提过，手术前医生曾说手术可能会导致明夫味觉受损。手术后的第一餐，明夫是当着医生们和我的面吃的，他喝下了原味的味噌汤，还说了一句："……真好喝。"

"噢……"周围欢声四起，人们都松了一口气。这一瞬间扣人心弦，因为味觉如果受损会大大影响明夫将来的饮食生活。明夫舌尖上的幸福没有被剥夺。"太好了！能品出味道，我也可以天天做好吃的，为他鼓劲儿了！"我从心底欢欣鼓舞。

……可是，他究竟可以吃什么样的饭菜呢？吃芝士是绝对不行的！我一直对芝士耿耿于怀。

"那就先从了解家庭护理餐的相关知识开始吧。"我对自己说。

"只要软就行。"果真如此？

一开始并不顺利。

病人出院时都有必要了解出院后的注意事项。我首先想到明夫最初住院的那家医院。那家医院有一位营养师，据说还获得了国家认证资格，专攻进食吞咽障碍，称得上是这方面的专家。于是，我立刻就去向他请教明夫出院后的饮食问题。

"经过检查，您先生的吞咽功能没有问题，只要是松软的食物完全可以放心去吃。"

这就是回答？我不甘心，接着问："该注意些什么？"对方只是回了一句："只要是软的，什么都可以吃。"仅此而已，再没有其他建议。

从"医疗"的角度来看，这不过是咀嚼和吞咽能力问题。如此说来，明夫的状态可能没那么严重。

现在回想，或许医生认为，"对进食吞咽障碍者来说，能够吞咽已经算是万幸了"。换句话说："就别要求那么多了！"也或者是认为病人的饮食安排需要家人与病人之间多加磨合。我当然知道这一点是非常重要的。但是，我还是想安全而稳妥地进行，所以非常想得到医生的悉心指导。

这时候，我感到一种强烈的无助感。

我想："在这个世上，我寻找的'可口护理餐'难道压根就不存在？！"

既然无法从医院得到有用的信息，我便动身前往书店。

当时，虽然专业的营养师也说"只要是软的，什么都可以吃"，但我详细调查后发现，诸如切成薄片的芋头和黄瓜之类质地柔软但表面光滑或者带黏性的食物，容易造成病人意外吸入，甚至有导致窒息的危险。

表面光滑的食物容易滑入咽喉，或是贴到咽喉壁，甚至食物可能直接进入气管造成窒息。食物中的水分或者唾液意外吸入肺里的话，容易引发吸入性肺炎，重者可危及生命。诸如此类的护理餐方面的注意事项还有很多。专业的营养师怎么会不知道呢？可能是工作太忙了吧。

我想一定有不少像我们这样的患者和家属正急于寻求专业的指导。如果患者在出院时能得到一本简单实用的食谱手册就好了。这样不仅有助于患者的康复，还能大大缓解家属的忧虑。我想医院会接受我的建议吧。这是我的愿望。

到了书店更加失望

我去的第一家书店，店面很大，属于大型书店，然而竟没有找到一本关于"护理餐"的食谱书，先前的无助感又袭上心头。

第二家也是大书店。在医疗类书架的一角，要踩着梯子才能够得着的地方，我终于找到了两本以护理餐为主题的食谱书。我想，要是换成需要吃护理餐的老年人，恐怕根本找不到吧。别管那么多了，先看看内容再说。

"啊？这个……这是很普通的烧饭方法呀。这也算护理餐的食谱？要是这样做也能吃，我就不用这么劳心费神了。"

再翻翻另一本。

"……这是用专业的烹饪设备做的……在家里怎么可能做得出来呢！"

除了罹患口底癌，诸如脑血管意外引起的口腔麻痹，或因年迈造成的吞咽能力退化等，都会导致无法正常饮食。

这些人咀嚼吞咽的问题各不相同，有的无法咬硬东西，有的能咬食却无法吞咽，有的甚至咀嚼吞咽都不行……因此，家人在制作护理餐的时候，必须根据患者的具体情况做出相应的调整。

我想知道的是,该如何实际操作呢?

当然,不可能有一本书是根据患者每个人的情况来介绍烹饪方法的。"不过,现在需要护理餐的人不断增多,书店里总应该有可供参考的食谱吧。"当初我是这样想的,现在既失望又无助。

我在调查患者出院后的饮食问题时还发现,市面上有一种把护理餐盒饭送到家的配送服务。护理餐盒饭乍一看跟普通的盒饭没什么两样,菜谱里也大多是面向普通人的配餐。

至于明夫能吃的流食餐盒饭,就跟明夫曾说过的"我吃够了"的那种医院餐一样,根本看不出食盒里到底装的是什么食物,只是各种颜色的流质物。

"嗯……看来对这些也别抱希望……"

不想让他吃难吃的食物

市面上难以买到适合家人状况的护理餐。

而且,说实话,这些护理餐往往咬不动或咽不下,味道也不敢恭维。试着买了几次,但是明夫每次都说"不好吃",只好作罢。

当然，每次我也跟着试吃。

"拜托，做出这些护理餐的人究竟有没有试吃过呀？"

这是我的心声，让各位见笑了。

芝士的事暂且不提（我依然耿耿于怀）。谁都希望自己做的食品受到欢迎，不过从目前护理餐的运营成本来看，不允许追求"味道的奢侈"，这才是最真实的原因吧。

当然有人会说："为了战胜病魔重归职场，就不应该挑剔味道，好好吃饭才对吧。"

对此我很理解。

也就是说，如果医生、营养师或者从事护理的人持有"不应该挑剔味道"的意见，我也无法辩驳。

尽管如此，我还是认为做"可口的护理餐"非常有必要，因为它对患者大有裨益。

对瘦了一大圈的明夫来说，吃饭是他恢复体力的唯一办法。因此，食欲具有重要意义。

这里，我并不是说一定要刻意营造一种每天都能吃上大餐的氛围。

不过，积极推广增进食欲、便于烹调的护理餐食谱，既有利于患者康复，又能减轻家属的压力，最终还能削减社会保障的费用，从这个方面来讲，这种探索或尝试是有意义的。

话题扯得有点大了,其实我只是希望明夫能吃上可口的饭菜。

毕竟我也算得上是一位专业的料理师,看来只能靠自己了。

"一定要让明夫早日康复,回到他日思夜想的工作岗位!"想到这里,我朝着西边的落阳攥紧拳头,下定了决心。

……可是,说时容易做时难。

没想到,等待我的竟是一场"爱"的考验!

第三章

制作"增进食欲的护理餐"——差点功亏一篑

为夫不辞劳苦，压力与日俱增

万事开头难

为了让咀嚼困难的明夫尽快恢复体力，我决定为他做出开胃的护理餐。嗯，非做不可。可参考的信息少得可怜，只有靠自己了。

"还好明夫还有味觉，能尝出食物的味道，真是谢天谢地！"我下定决心，开始尝试制作护理餐。

首先，要弄清楚明夫能吃什么，以及在什么状态下能吃。

医院的流食餐看上去像是用搅拌机把成品食物打碎制成的。那就先试试这种办法。

先采取通常的做法，将用三文鱼、胡萝卜、土豆和洋葱等蔬菜做成的奶油炖菜直接放入搅拌机搅拌。步骤很简单，只是看到成品后大失所望："这个根本不行。"

全部配料都被粉碎成了稠糊，看上去就像已经被胃酸溶解的状态一样，将之盛到盘中端上桌，根本引不起食欲。

"知足吧，能吃进去就算不错了。"这种想法似乎也有道理。实际上，大部分患者的家人也没有时间和精力来烹饪护理餐。很多人看到患者病情恢复，能吃下流食餐了，就感觉看到了一线希望。

这种心情我十分理解。我也绝对不想去否定搅拌机做出来的流食餐。

但是，我不想把这样的饭菜端上我家的餐桌，更不想让明夫吃。

因为我不想让他觉得恢复体力的过程是一种精神考验，希望通过增进他的食欲来减轻吃饭过程带来的痛苦。更重要的是，我期待再次听到明夫吃饭时开心地对我说："哦！好吃。""真好吃。"

在此我想强调的是，这本书并非"护理餐的模板"，这只是我和明夫感情历程上的点滴记录。我们是一对相互依存的顽皮夫妻。而且，幸运的是我是全职家庭主妇，又没有孩子，既有时间又有精力来为明夫做这一切。

幸好，明夫已经恢复到能吃进柔软成型食物的阶段，甚至还能吃进一些颗粒状的食物。于是我每天烹饪的目标就改为："尽量保留食材的原状，做出既美观又容易吞咽的饭菜"。

"我既有技术，又有经验，还有可掌控的时间，更重要的是我想和心爱的人一起好好吃饭。"

我充满了干劲。

但是，很快就遇到了问题。

实际操作起来难度还是非常大的。

就烹饪本身来说，我身为专业的料理师，会做日式料理和意大利菜，还算有点自信，而且我也了解明夫的口味。

可是，要做出"色香味俱全，又提胃口的护理餐"谈何容易，绝非只是"所有的食材都柔软到用舌头和上颚能压碎就可以"。

整日窝在厨房里，近于崩溃

出乎意料，"时间"成了一个大问题。

无论做饭还是吃饭，都需要时间。

付诸行动后，我才发现做完早餐，收拾停当之后，很快又得开始准备午餐。午餐完毕，又要一刻不停地开始着手准备晚餐。

一开始我连乌冬面需要煮多长时间才能柔软到明夫吃得下都没搞清楚。无论做什么都得不断尝试，一步一步摸索才行。讲个题外话，最适合明夫的乌冬面要煮二十七分钟！煮到一半，我在想乌冬面会不会化在锅里。

明夫吃一口饭要用常人好几倍的时间。因此，相同味道的饭菜要是量太多，他吃到一半就腻了。这些细节，我也是在开始制作护理餐之后才发现的。

　　为了让他美美地吃到最后，我有意增加了配菜的味道，减少分量，增加品种。这样一来，每次做饭就成了少量多样。这又要花费不少时间。

　　为了让明夫多吃蔬菜，每餐我都会准备色彩鲜艳的南瓜、西兰花和菠菜这三样配菜。南瓜和西兰花煮过之后，用搅拌机或手动搅拌器磨碎。菠菜则要花两倍的时间慢慢炖烂。将这些蔬菜配上高汤和调料做成炖南瓜、西兰花慕斯、凉拌芝麻豆腐菠菜……每天都变换风味各异的食单。

　　将蔬菜先煮烂后磨碎的烹饪方法，曾经制作过婴儿离乳餐的人都有印象吧。半岁大小的婴儿第一次吃离乳餐，不需要牙齿就能吃下去，这是因为离乳餐和护理餐的流质状态几乎相同。比如，在流质食品中加入"稠糊"成分来方便吞咽，这一点和离乳餐一样。我注意到这个事实，已经是很久以后的事了。

　　不同的是，婴儿一餐的离乳餐只要少量就够，而大人一餐的流食餐必须要足量。另外，婴儿的消化功能尚未成熟，为了不增加负担，离乳餐几乎不需加盐，而大人吃的流食餐需要调味，如果味道欠佳恐怕食量就会减少。

　　以婴儿的离乳餐来说，出生后五六个月是"滑顺的流食"，七八个月达到"能用舌头压碎的硬度",九到十一个月则达到"能用牙龈压碎的硬度",婴儿能吃的东西越来越硬。这根据婴儿的月龄和成长过程大致可以判断出来。然而,大人吃的流食餐则必须根据病情和当天的身体状况来调整。

有育儿经验的人可以回忆制作离乳餐的过程,轻轻松松就能做出流食餐。但我没有孩子,从未做过离乳餐,第一次做流食餐就遇到了不少麻烦。

首先,那些器材我就不会用。

要把食材粉碎,做成滑顺的流食,要用很多诸如搅拌机和搅拌棒之类的专用食品器具。每一天每顿饭,粉碎一种食材,然后清洗机器,再粉碎另一种食材。用完洗,洗完再用。搅拌机很重,刀头又很难洗,一遍一遍地洗真的很费劲。

而且,由于食材和分量的不同,有时候搅拌机会空转而无法粉碎食材,这时候就必须改用手持的搅拌棒来重打。搅拌棒要根据用途不同,使用不同的刀头。究竟使用何种刀头最理想,很多情况下光看说明书是不管用的。

经过多次失败之后,我终于学会了应该根据不同食材选用搅拌机或搅拌棒,该换哪种刀头。说实话,在我家的厨房里这些家什就从来没晾干过。

人们常说,烹饪最讲究的就是步骤。

这句话千真万确。平时做菜只要记住顺序，一步一步顺着来就行。最难掌握的是火候。动作麻利，步骤精准，三下五除二，出锅入盘，心里肯定乐滋滋的。

不过，做护理餐的每一个步骤常常由不得自己的想法。每个步骤做到一半，都可能横生出一个或两个意想不到的枝节，费不少周折，打乱原来的节奏。原以为像平常一样三下两下就能搞定的小菜，常不能顺利如愿，搞得我心烦意乱。而且，即便做出来，明夫也可能吃不进去。每次陪明夫吃饭的时候，我都很紧张。

就这样，我每天都为做饭忙得不可开交。一日三餐，为了准备明夫和我两个人的饭，不得不整天待在厨房里。就这样，不知不觉间我感觉压力越来越大，有些烦躁不堪。

终于发作……怒怼客服！

一天，我刚买的一台加湿器出了故障。

不好意思，这是跟做饭无关的话题，还请耐心读下去。

不管怎么启动机器，也达不到设定的湿度。给厂家的客服人员打电话，对方说："产品没有问题。"

"机器感应出空气中的某种分子就会启动，实际上即使达到设定的湿度，也会显示出较低的湿度……"

对方用了一大堆行话和术语，向我说明这不是故障。我感觉对方的意思是说，我的专业知识缺乏，机器没有问题。这令我忍无可忍。

"这些专业知识，外行当然不懂。既然如此，你们就该在说明书上注明：达不到设定温度不属于故障！"我站起身在屋里边转圈，边冲着电话怒吼。积蓄多日的压力找到了出口，这回一下子爆发了。平时一向温柔寡言的我竟然如此失态，连我都被自己惊呆了。

当时自己丑态百出，现在回想起来都觉得难为情。

明夫出院的时候，我心想："最痛苦的是明夫，我不能再对他抱怨或是发脾气了。"可是不满和愤怒积压于胸，已经到了爆发的临界点，最后终于……

"为什么要这么任性？"

明夫出院后过了十天，我做护理餐的疲劳达到了顶点。

"这碗粥里少放点水好吗？"明夫端着碗来到厨房。我终于

发起了脾气。

"为什么要这么任性？昨天同样的水量你不是吃下去了吗？我整日待在厨房里用搅拌棒做流食餐，手腕都快成工地上的钻头喽！"说话都快语无伦次了……

"不就是一点儿水的事嘛！你这是干啥！"一瞬间情绪炸开了锅。

明夫用手遮住自己的嘴巴抱歉地说：

"手术的创口慢慢愈合了，我嘴里的感觉好像也发生了变化。昨天吃得下去，今天却吃不下去了。"

……过了片刻。

"咦？真的吗？原来还会这样呀！"

一瞬间，我陷入了后悔和惊讶之中。

"啊，对不起。我也不知道会这样，对不起！"

当时，我做了深刻的自我反省。自己竟如此疏忽大意，根本没有考虑到明夫的口腔状况。

也因为这件事，我突然意识到："咦？我光一门心思忙着做饭，是不是忽略了更重要的事？"作为护理者要设身处地地了解和体察被护理者的实际状态，这是至关重要的。

这次的"粥事件"，促使我大大地改变了做护理餐的心态。

"体察被护理者的实际状况"这句话说起来容易做起来难，特别是在没有任何心理准备，家中的某个人，或者自己，突然间变成护理的一方或者被护理的一方的情况下。

一位熟人的母亲原来在家吃普通的饭菜一切正常，后来接受上门看护服务，每天都吃流食餐，结果很快就吃不下普通饭菜了。各种原因都可能引发吃不下普通饭菜的情况。

就拿我自己来说，在明夫生病之前我和护理餐压根就没有半点瓜葛，也从来没关注过护理餐。

谁承想，某一天自己会不得已亲自动手做起了护理餐，其中烦恼可想而知。在上一章我曾经提过，相关的参考资料少之又少，而且还要每天把握明夫身心状况的变化，谈何容易。

这次"粥事件"之后，为了了解"无法咀嚼"的真实感觉，我也试着不用牙齿吃饭，最后终于体会到了其中的痛苦。从把食物压碎到吞咽之前，口腔的肌肉就已经筋疲力尽，中途我几次都忍不住想放弃不用牙齿吃饭的念头。

遇到这种情况，肯定有人会说，或者想说，"只要有营养，无论什么东西都要吃下去"。我不想否认这种意见，但如果能改变的话，我还是想试着改变。

话虽如此，但这样下去会把人搞得身心俱疲。恰在近乎绝望的时候，我看到了一丝曙光。

"忍耐"造成的恶性循环

做护理餐，尤其是流食餐，每顿都要花很多时间和精力。我的这些努力，只是为了让我心爱的明夫能说上句："哇！看起来真好吃！"

实际上很多照护者家庭都会把做好的饭菜全部倒在搅拌机里搅拌。负责照护的家人也都各自有要做的事，每次做饭根本没有多余的时间。

不知道是什么菜，也不知道里面放了什么，即使端上来的菜让人看了没有胃口，很多受照护者都会善解人意地想："他们那么忙还特意为我做饭，平时也都一直麻烦他们。"为了体谅家人，就强忍着吃了下去。

但是，每天都吃这样的饭菜，又怎么受得了呢？忍耐与勉强无法持久，饭量就越来越小，最后吃不下去了。

不仅是老年人，生病在家接受照护的人，特别是吃流食餐的人，本来也都容易营养不良。为了让流食餐变成糊状，加入了水分，就算同是一碗饭的分量，营养价值也比普通食物低很多。因此，为了增进食欲，饭菜的品相至关重要。

营养不足会影响康复进程，甚至可能使人体陷入衰弱状态。

而且，对做饭的人来说，看见自己忙碌半天做出的饭菜没吃完剩下，也会感到伤心和焦虑。

"为什么不吃？！"

这样一来，就会形成恶性循环。做饭的人和吃饭的人都会感觉心灰意冷。不过，要做出品相佳的饭菜就需要花很多时间，也不是件容易的事。

那么，究竟如何做才好呢？

第四章

爱人不能咀嚼，献上寿喜烧

苦尽甘来的抗癌日子

"天赐"的奶油炖菜

一天到晚在厨房里与搅拌机为伍，搞得我身心俱疲，一道奶油炖菜终于让我盼到了出头之日。

奶油炖菜是明夫最喜欢吃的。当我模仿着医院餐把普通作法的奶油炖菜囫囵倒入搅拌机搅拌之后，所有的食材都变成了糊糊，让人目不忍睹。我对自己说："不能让明夫吃这样的饭菜！"

我对饭菜的外观是颇为讲究的。

明夫本来就喜欢美食，却因为接受口腔手术后不能随心所欲地吃了，这对明夫来说无疑是个相当大的打击。我想借着饭菜给他增加营养，当然也希望他能像健康时那样享受美食，跟我说："哦！好吃！""真好吃！"

现在看来，要做出能吊起明夫的胃口，而且是"色香味俱全的流食餐"，只能靠我自己了！我暗下决心："不能让病魔剥夺明夫的美食之乐。"

我突然想到，要是不能全部混合用搅拌机搅拌的话，那就先把各种食材切成极细的碎块，再慢慢炖煮如何？

将奶油炖菜里的胡萝卜和土豆等蔬菜切成七毫米大小的菜

功夫不负有心人，做成护理餐中"天赐"的流食——奶油炖菜。

丁，慢火炖烂到能用舌头和上颚压碎的程度，然后加入白酱。这样一来，既能看得出蔬菜的原状，色泽也美观，还能炖煮得柔软。

还有一条能吊人胃口的秘诀。

煮到最后的时候，将比三文鱼更柔软的三文鱼肚用橄榄油煎至七分熟，再切成碎末掺进炖菜之中，用余热炖到全熟。为了增加色彩，再将白菜绿叶部分炖烂后用搅拌机打碎。将这些全部入盘，再摆上汤匙，一道三文鱼奶油炖菜就算顺利完成了。

虽然医院餐里也有碎鱼肉，但明夫吃不下那些干巴巴的鱼肉。这是因为若是口中不够湿润，就很难用舌头将食物压碎。那么，如果是有点油脂的柔软鱼类呢？于是，我才试着使用三文鱼肚。为了不让热度破坏鱼肉的湿润，还要特别注意加热时间。

"这道菜……该没有问题了吧？"

完成的瞬间我如释重负。

结果完美，谢天谢地。明夫吃了一口三文鱼奶油炖菜，说："好吃！"他高兴地笑起来："今天的菜打九十分！"

"咦，怎么不是一百分？"我逼问道。

结果，明夫开心地大笑起来："这样你还有进步的空间啊。"

他这么一说，我顿时来劲儿了。回想起来，当时他开心的笑容给了我无穷的动力。

三文鱼奶油炖菜成功之后，我终于找到了合乎明夫口味，看着开胃，而且变化多样，属于我自己的"护理餐制作法"。我发现，就算不用搅拌机，如果把菜切成小块炖得软软的，就能保留食材的原貌，也方便明夫吞咽。

之前为明夫制作护理餐所付出的辛苦没有白费，让我非常欣慰。我的脑子里开始不断浮现用各种食材搭配制成的菜品。

除了三文鱼，我还用干贝和鳕鱼等等，替换主要食材，做出各种不同口味的奶油炖菜，其中加入松软肉丸的最让明夫喜欢。

寿喜烧，炖牛肉……当然是护理餐！

寿喜烧是明夫的最爱，我一定要让他吃上。我试着用平底锅煎了牛肉，又洒上足足的寿喜烧的底料，然后用搅拌机打成粗粒，做出来软软乎乎，大受欢迎。

明夫吃了一口就连声叫绝："哇，好吃！"开始狼吞虎咽（明夫特有的吃相）一口气吃了个精光。由此，这道菜登堂入室成了我们家的招牌菜。

一道菜成功就等于一通百通。把寿喜烧里的汤汁换成多蜜酱，一道美味可口的炖牛肉就完成了！

明夫喜欢吃生鱼片。我想如果模仿塔塔牛肉的做法（把生牛肉剁碎入味）可能会很好吃，便立即动手试做起来，这次明夫也很喜欢。

明夫吃饭很费时间。提前洒上调味料的话，时间一久鱼汤的味道就难吃了，所以我都是在上桌开吃之前才加调味料。调味料也不止一种。不仅使用芥末酱油，还用橄榄油调味汁制成意大利口味，以及加芝麻油制成中国口味。只需换一下调料就能做成各种口味。

明夫吃不下生鱼片料理里的生姜、紫苏叶和萝卜等配料，我就没用，但在我看来，这些都是生鱼片的标配，不可或缺。

于是，我把番茄和牛油果切成小块加以装点，与生鱼片搭配起来相映生辉。

我们俩吃饭的食谱也基本相同。只是，明夫的饭菜形状稍有不同而已。我吃普通的生鱼片，明夫吃塔塔鱼肉；我吃普通的白米饭，明夫喝粥。为了避免让明夫老喝粥而生厌，我加入了口味各异的"粥伴侣"：肉酱、鲷鱼酱、甜煮海带、腌海胆泥、海胆豆腐、鲑鱼籽、鳕鱼籽……

还有明夫爱吃的茄子，要让他享受到入口即化的口感。将茄子去皮蒸熟后切碎，再加上日本口味或西洋口味的酱汁就做成了沙拉，洒上棒棒鸡酱就成了中国口味。烤茄子去皮做成慕斯或日式浓汤，还可以加到味噌汤里。炸茄子则可以做成酱烤茄子串，或是洒上麻婆酱做成麻婆茄子。

汤，则有南瓜、玉米之类的日式浓汤，洋葱和土豆浓汤，还有毛豆浓汤等等，或用应季蔬菜做成浓汤，盛夏时节还会做冷汤让明夫享用。

就这样，"明夫料理"的食谱越来越丰富多彩了。

不过，若是将酱烤串放入搅拌机打碎，就成了一堆咖啡色的东西，看上去实在让人大倒胃口(尽管吃到嘴里也能尝出酱烤串的味道)。明夫喜欢吃烤肉，我想给他做一道外形以假乱真的猪肉生姜烧，让他尝尝。

不只是味道，肉也以假乱真

如何才能让流食状柔软的食材成型呢？我进入了做护理餐的第二阶段。

先把食材做成柔软的流质状态，就必须加足水用搅拌机打碎。水分一多，食材盛入盘中的时候，四处流淌，看起来不雅观，影响胃口。可是，我很想让明夫吃到一眼就看出是自己喜欢的饭菜。因此，我得把流质食材变成固体，再现原来食材的形状。这是我前所未遇的难题。

有时我拿出加工得相当柔软的罐装牛肉做成大和煮（用肉类、砂糖、酱油和生姜等煮成的甜辣浓汤——译者注），明夫吃完高兴地说："好吃！"

"原来，只要这么软明夫就能吃得下呀。"一瞬间我的脑海里浮现出有名的舞泉炸猪排三明治。之前我曾在电视节目里看过介绍，听说这家的炸猪排之所以做得那么松软，就是因为他们反复敲打，把肉里的纤维全都敲断。

其实我们家在明夫生病之前就常吃一道菜，叫"松软鸡肉丸"。用的是鸡肉馅，所以肉里的纤维都被绞碎了，然后再加入山药和日本豆腐用手搅拌，最后用汤匙将和好的肉馅舀入锅中，就能煮出松软的肉丸。

"啊，对了。要是把做鸡肉丸子的肉馅摊平，做成薄肉片形状不就得了？"

瞬间的灵感成就了这一道"松软鸡肉馅薄片"。请参见第124页。

明夫夸我是天才

用手捏的话，会感觉到鸡肉馅里的碎渣，所以我在肉馅里掺入了山药和日本豆腐，用搅拌机打碎。为了让明夫能顺利吃下，必须柔软到能够用舌头和上颚压碎。但是如果掌握不好山药和日本豆腐的比例，山药特有的味道太重，反而掩盖了肉的味道。我曾不用牙齿试着去调整比例，当然也失败过好几次，最后我把流质的肉馅摊到保鲜膜上，做成长方形的薄肉片形状，于是这道滑嫩松软的鸡肉馅薄片就诞生了。

用微波炉加热，切成棒状，再洒上芝麻酱，就成了"香软鸡肉馅薄片棒棒鸡"（参见第102页）。明夫看到这道菜时，由于菜保留着肉的形状，他感到有些不安："咦？这是什么？我能吃吗？"

他试着尝了一小口，说道："啊，我吃得下！这是棒棒鸡，好吃！"然后又刨根问底："这是咋回事？这是怎么做的？"当

将松软的鸡肉馅加热后切成棒状，
洒上芝麻酱，就成了令人垂涎的棒棒鸡。

我告诉他实际做法后，他大加称赞："嗯，鸡肉馅薄片？！久理子了不起！久理子是天才！"成功啦！

这一道鸡肉馅薄片做成之后，一道道新菜也应运而生：炖煮炸鸡排、照烧鸡肉和生姜鸡肉。当然，口感全都是松软柔滑的。

既然鸡肉没问题，那猪肉和牛肉也应该可以吧？挑战的结果，"松软猪肉馅薄片""松软牛肉馅薄片"大获成功。多亏这些肉馅薄片，明夫独家菜品的色香味得到了大幅提升！

对厨师而言，美食得到食客好评才会其乐无穷。要是只为自己做，大概就会索然无味。

明夫的笑容就是对我的最高奖赏，也是原动力。

接下来该做什么？该让明夫吃什么？怎样做才能既松软又可口？新点子一个接一个浮现在我的脑海里，我为之兴奋不已。回过神来，我在厨房里高喊道："护理餐，其乐无穷！"同时，双手握拳，单膝高抬，弯腰，做了个获胜的姿势："太棒了！"

虽然历经诸多辛劳，但新世界的大门终于在我眼前开启了，我也得以进入快乐的循环之中："研究→明夫的笑容→原动力→再研究"。

这时候，我终于体会到："原来护理餐也不过是家常菜！"

回首一天，笑逐颜开

或许很多人会认为，看护病人的日子辛苦忙碌，其实明夫在家养病的时候，我和明夫只要一有时间，就会疯狂地玩跳棋、黑白棋、拼图。

"啊，那里，先等等。""不，不行！"我们俩仿佛回到了童年时代，无忧无虑，玩得尽兴。

玩黑白棋总是明夫获胜。我心有不甘，就在网络上搜索了黑白棋攻略，预先准备了小抄（笑）。我们坐在桌旁，互成直角，明夫坐在我的右侧。于是我就把小抄藏在左侧大腿下，下棋时装作若无其事，趁明夫不注意便侧身向左，抬起大腿偷看一眼。

多亏了小抄，下了五盘我总算赢了一盘！我想大概没被明夫发现……他看着我下的那一招（其实是小抄上提示的）赞不绝口："噢噢，好棋！妙招！"到现在，我也觉得他一直被蒙在鼓里（笑）。写到这里，我的眼角又湿润了。

我们还一起玩拼图。我世界地理学得不好，打算一边拼图一边熟悉一下世界各国的地名，就为自己买了个可以拼图的地球仪。有一天，明夫发现之后就开始拼了起来。

"喂，那是我买给自己玩的。"

熟悉地理的明夫没用一会儿工夫就把大陆部分拼好了，只剩下海洋部分了！我俩就一起拼出了蓝色的海洋部分，嘴里还不停地打趣："不是那里，是这里。""不对，不是那里，是这里才对！"玩得不亦乐乎！

拼完图，明夫一只手举着完成的地球仪，用另一只手的拇指和食指围成一个圆圈，贴在脸上，高喊："我是罗拉（注：我俩非常喜欢的模仿秀演员）！"

他真的太可爱了！

自从明夫罹患肺癌之后，肺功能随之下降。接受口底癌手术治疗之后，明夫在家休养时也要使用家用供氧机，将导管插入鼻孔里补充氧气。

他会拖着可伸缩的机器导管在家里四处走动。导管全长有二十米呢！这下，他就可以在家里畅通无阻了。

拖拉拖拉……拖拉拖拉……

"我是拖拉女……"

明夫拖着唱腔，逗我发笑。

明夫一呼吸，供氧机就会发出"咻咻"的声音。

"咻咻，咻咻。"嗯？这曲调有些耳熟……

"锵锵，锵锵，锵锵，锵锵。"

明夫嘴里哼着《星球大战》的主题曲，朝我走来！我一下子笑喷了。没错！跟剧中黑武士的呼吸声一模一样。

"我们是黑武士！"……明夫真是个可爱的调皮鬼！

我们不只是在家里才会这样开怀大笑。明夫进进出出住院几次，我为他买了夏天和冬天用的睡衣各十套。在医院里也只能穿着睡衣潇洒一番了，可以每天换一套。

住院容易使人郁闷。为了让他心情好一点，我就为他选了花哨一些的睡衣，连护士们看了都赞不绝口！其中有一套睡衣是法兰绒质地的，上面印着小象的图案（象鼻朝上象征着蒸蒸日上）。"护士们说我'太可爱了'，真羞死人了。"虽然明夫嘴上这么说，但他的嘴角上挂着微笑，看得出他内心充满喜悦。

我和明夫相濡以沫，彼此都从细微之处给予对方以欢乐。

俗话说，笑一笑，十年少。那段时间，笑声温暖了明夫脆弱的心，给他带来了生活的勇气。对我来说，也是如此。

我们每天都有令人捧腹的小故事，我都将之记录下来，在一天结束的时候，一起回味这些小小的喜悦。我想，就这样度过人生的每一天吧。现在，正忙于各种事务的诸位，请试着收集在日常生活中感受的小小幸福和真心笑容吧。

第五章

老公，胖起来！体重恢复才能康复

护理餐是最好的家常菜！

把明夫的最爱，做成护理餐！

今天做什么给明夫吃？做什么才能让明夫笑逐颜开，连声称道？已经完全感受到制作护理餐乐趣的我，为了看到明夫的笑容，全身心进入了制作"明夫食谱"的新阶段。

对于处于病后康复阶段的明夫来说，当然希望能吃上自己以前喜欢的饭菜。

我打算从我们家常吃的饭菜中挑选出明夫能够吃得下的柔软食物来试试。

明夫爱吃的菜有不少。其中，他最喜欢的是加了大量奶油的蟹肉土豆奶油炸肉饼。可是，如今的明夫已经吃不了炸得酥脆的外皮。既然如此，那就把炸肉饼中的肉馅焗烤一下试试看如何？

土豆煮熟后捣成土豆泥，再加入奶油和牛奶就做成了柔软顺滑的奶油土豆泥。加入罐装的蟹肉搅拌后，再加入奶油白酱，最后撒上芝士和面包粉，送入烤箱。这样，一道"焗烤蟹肉土豆奶油肉饼"就做成了。虽然没有炸肉饼的酥脆劲儿，但加入土豆泥后焗烤出来的口感很好，容易饱腹，营养也高。明夫吃

将炸肉饼里的肉馅进行焗烤，做成了焗烤蟹肉土豆奶油饼。

了一口大喜："这，就是蟹肉土豆奶油饼喽！"

　　第二道尝试的菜是"香软炸虾条"。虾仁略带韧性，虽然明夫咬不动，但是打成泥做成虾条肯定没问题。炸虾条表面酥脆，肉馅柔软多汁，可以说是一道相当不错的菜品。可是，现在的明夫吃不了酥脆的外皮。

　　于是，我便将肉馅做得比平常更软，用保鲜膜包成毛巾卷的形状，放入微波炉中加热，出炉后浇上浓稠的和风酱。

　　"咦？这是什么菜？"明夫第一眼没看出是什么菜。也难怪，以前我只让他吃过油炸的虾条。当他尝了第一口就绽放了笑容："这是虾条！很酥软。"又成功啦！

新版"明夫料理"始于护理餐！

我把鲥鱼卤萝卜里的萝卜块切得比平时更小，用微波炉加热至柔软后，再炖煮三十分钟以上，直到入口即化。鲥鱼则挑选其肥美的鱼肚，搅碎后洒在上面。

听说很多人会在商店里买西京渍（西京味噌腌制的鱼肉切片——译者注），而我们家原本就有做好的味噌腌床，而且可以自己调整口味，于是这道菜成了我们家的家常菜。我把较软的鳕鱼和鲹鱼腌好后端上桌，明夫很喜欢吃这一口。

为了能让明夫吃到生病前一直喜欢的菜品，我绞尽脑汁想了很多办法。

一提起护理餐，最初出现在脑海中的就是"怎么做""一定很难做""肯定不好吃"这些念头，可是试着做了之后感觉还挺好吃。"这一道能吃下去，那就接着来下一道呗。"于是，食谱一道接一道不断丰富。我们家的经典家常菜摇身一变成了独一无二的新版"明夫料理"。

一边想象着明夫开心的样子，一边思考着烹饪的方法，感觉文思泉涌，主意一个接一个涌上心头。不过说实话，能够想出这些点子，多亏了当时简捷省时的烹饪方法，为我赢得了宽裕的时间和放松的心情。

我说的简捷省时的烹饪方法就是"冷冻蔬菜泥"。

为了让明夫每餐都能吃到富含维生素和矿物质的蔬菜，我准备了菠菜、南瓜和西蓝花这三样蔬菜。比如，先将菠菜焯至柔软，再用搅拌机打成泥，加入高汤酱油入味。

有一次，看着打碎的菠菜泥，我一下子茅塞顿开："既然天天都用到蔬菜泥，干脆预先做好备用不是更好吗？"

冷冻菜泥，省时省力

先将各种蔬菜全部焯煮后，用搅拌机打成泥，分成小份，装入容器，冷冻保存。用的时候，取适量即可，这样大大节省了时间。

一开始，我只用了菠菜、南瓜和西蓝花三样菜，后来增加了胡萝卜、洋葱和土豆。后来又添加了蒸茄子、炒成焦糖色的洋葱等熟菜，还有各类菌菇和香肠等用来提味，都是打成泥冷冻保存。

冷冻菜泥的使用方法如下：

比如，明夫每餐都要喝粥，但是老吃白米就会生腻。煮粥时，我就在锅里加入白米、水和高汤粉，再加入一份冷冻的菠

将各种不同的蔬菜焯煮后打成菜泥，五彩斑斓！
这些冷冻菜泥在护理餐中功不可没。

菜泥。这样，就做成了"菠菜粥"。若是加入菌菇菜泥，就成了"菌菇粥"，以此类推。

南瓜菜泥在护理餐中用途很广。将冷冻南瓜菜泥用微波炉解冻，加入柚子果酱，就成了"柚子味和果子"；加入高汤和酱油，则成了一道"炖南瓜"。我发现了这一秘诀，心里豁然开朗——再加些高汤或者清汤就可以轻轻松松做出一道"日式浓汤"或者"西式浓汤"，再加上芝士就成了一道"焗烤南瓜"……

南瓜菜泥真的可以花样百出！太棒啦！

明夫还喜欢吃炒蛋。只要把香肠打成泥，加进蛋液里就味道十足。还有,平时煮蔬菜浓汤要花一个多小时,改用这种冷冻蔬菜泥,只需十分钟就能搞定。

如此一来,就能省略制作护理餐最费时间的过程——用搅拌机打碎食材。这一招屡试不爽,每餐省出不少时间,心情放松下来,胜似闲庭信步。

不过,仅凭这些流食餐是很难让人长肉的。

每天制作护理餐让我乐此不疲,下一个目标就是要把明夫的体重恢复上去。

明夫手术后掉了七公斤肉,得想办法让体重上去。不过,前面已经提过,流食餐都是在原来标准上加水稀释而成的,即使同样一碗饭,其中的热量也会比正常低很多。

比如,一百克米饭的热量是一百六十八卡路里,一百克的粥则只有七十一卡路里,低了一半还多。

而且,吃饭的时间拉长,中间容易疲劳或产生厌食情绪,根本吃不多。想让明夫的体重恢复谈何容易。于是,我就想起了甜点。

我当时的日记里是这样记载的:"为了增加热量,每餐都要加上自己特制的甜点。"

为了让明夫增加体重而制作的每日饭后甜点。
多亏果冻凝固粉，五分钟就能做完草莓慕斯。

明夫增肥，全靠甜点

　　明夫爱吃水果，我想出了好几道水果甜点。将应季水果用搅拌机打碎，再加上打好的鲜奶油，使其变得黏稠，就成为水果慕斯。选用不同的水果，就能做出各式各样的慕斯。

　　在制作甜点时，增加"黏稠度"离不了"果冻凝固粉"（用于增稠）。平时用吉利丁制作慕斯或果冻的时候，都得在冰箱里放两个小时才能凝固，可是用了这种果冻凝固粉只需三分钟即可搞定！有了这种凝固粉，每餐都能吃上甜点了。这种凝固粉不仅能用于甜点，还可以加进其他食物中增加浓稠度。

此外，我用市面上销售的布丁粉做成南瓜布丁，用面筋做成松软的法式吐司，用蛋糕做成口感绵软的提拉米苏。一日三餐都配上甜点，餐桌看上去丰富多彩，也增加了饭后的回味。明夫每餐都会开心地问："今天是什么甜点？"关于"果冻凝固粉"，可参见第80页。

增加体重还有一招，那就是口腔康复。

锻炼咀嚼和吞咽能力，需要锻炼口腔和脖颈以及肩膀周围的肌肉，还要进行通过发声说话来锻炼舌头嘴唇的构音训练。明夫每天都做这样的训练，一天三次，每次四十分钟。虽然训练简单枯燥，但在语言指导老师的悉心指导下，出院后也能坚持继续锻炼，明夫的咀嚼能力和说话能力逐渐恢复。到现在我也深深感谢这位指导老师。

在实践中，我切实感受到，正因为是在家自制护理餐，可以根据"食客"现有的咀嚼能力和吞咽能力加以细致的调整。而且，每当听到明夫说声"真好吃！"那一瞬间，我就会欢欣鼓舞。正因为自己的家人生病了，我才真正体会到每天一起吃饭的幸福有多么重要。

明夫出院后的三个月里，光吃流质餐体重就增加了三公斤。

他站在体重仪上冲我喊："久理子，久理子，快来看，体重增加了！"

体重增加说明吃进去的食物被吸收，体力在恢复，进而增加了明夫康复的信心。在其后的两个月，明夫体重又增加了四公斤，恢复到原来的体重。

"光吃流质餐体重就增加了七公斤。"当我们向医生们报告这一消息时，他们惊讶地说："真是了不起！"看到医生们如此惊讶，我们也为此激动不已。

啊！就是为了这一刻

　　我从小喜欢下厨房，学着母亲的样子做饭。结婚后明夫喜欢邀请朋友到家吃饭，我就开始烹饪各种饭菜招待客人。因为大受好评，我开了间料理教室，也自然而然成了一名专业料理师。

　　我在为明夫做护理餐的过程中感受到了乐趣，明夫的体重也逐渐增加，我们每一天都过得快快乐乐。

　　"啊！我就是为了这一刻的到来才把菜做得如此美味吧。我此刻能有用武之地，完全是上苍给我指引的道路！"

　　我欣喜若狂。

　　我们很想要个自己的孩子，但这个愿望一直没能如愿。于是我们接受了"享受二人世界"的现实。也正因如此，我才能整天专心致志地研制护理餐。我想这是上苍对我们夫妻的特殊恩赐吧。

　　我满眼含泪仰望苍穹，深深感谢上苍的这种安排。

第六章

易咀嚼，易吞咽

"希望之餐"食谱

＊

　　本章介绍的护理餐是我为了让明夫尽快恢复体力，也是他自己希望恢复健康而吃下去的"希望之餐"。

　　易嚼易咽的基础上，我想让明夫开心地说："噢，看起来就好吃！"我很注重让人食欲大增的菜品外观。这些食谱全是明夫吃完后笑逐颜开、连声称赞的饭菜。希望能给诸位提供参考。

＊

*

　　作为多数菜品主食材的"蔬菜泥"，以及我为了"保留食物的形状"而想出来的风味料理，像做炸猪排之类的肉类料理用的"松软肉馅薄片"，做虾类料理用的"松软虾肉馅"，焗烤用到的"白酱"等，做法都在从本书第121页开始的介绍里。仅需将这些食材冷冻保存，就能在短时间内做出护理餐，方便灵活，希望大家活学活用。

*

食谱

食谱

汤品

甜品

基础食材

关于食谱的几点说明

盐

使用粗盐：1小勺=5克。使用精制盐：1小勺=6克。使用时请尽量酌减用量。

一撮

是指用拇指跟食指、中指轻抓一小撮的量。

EXV橄榄油

是指特级初榨橄榄油。

食谱中的"凝固粉"是指能增加食物浓稠度的食品专用增稠剂，也就是我从第一章到第九章提到的"果冻增稠粉"。

护理餐用的增稠剂有多种品牌，使用时请确认用量与使用方法后再使用。

香软猪牛肉馅薄片烤肉盖饭

材料（1人份）

· 松软猪牛肉馅薄片 ·························· 3片
（1片40g）
· 烤肉酱汁（成品）·························· 2大勺
· 水 ·· 1大勺
· 蛋黄 ·· 1个
· 米饭 ·· 适量

将猪牛肉馅加上豆腐、山药、面
筋等混合搅拌制成的松软猪牛肉馅薄
片，口感润滑柔软。肉上面裹满甜甜
辣辣的烧烤酱汁，不仅好吃还能增强
食欲，而且营养丰富。

※ "松软猪牛肉馅薄片"的做法请参考第
124 页。

做法

1 | 备好足量的松软猪牛肉馅薄片。

2 | 在锅中加入烤肉酱汁和水后开火，
煮开后将步骤1的肉馅薄片倒入，
用中火煮炖，等肉片熟透后盛出备
用。继续煮炖汤汁。

3 | 米饭入盘，铺上步骤2的肉片，再
淋上汤汁。

4 | 摆上蛋黄。

※ 如用冷冻保存的"松软猪牛肉馅薄片"，
请用600瓦功率的微波炉加热55秒，待冷
却后食用。

※ 米饭的软硬可以根据进食者的咀嚼吞咽
能力自行调整。

※ 喜欢汤汁多的人，可适当增量。

焗烤蟹肉土豆奶油饼

材料（1 人份）

· 罐头装蟹肉 ·············· 75g
· 白酱 ···················· 170g
· 焦糖色洋葱（可省略）········15g
· 芝士粉 ··················· 适量
※ 用现切的帕尔马芝士，风味更佳。
· 细面包粉 ················· 适量
· 无盐黄油 ················· 10g

●奶油土豆泥

土豆泥················· 60g
无盐黄油 ················ 6g
牛奶 ··················· 30mL

※ "白酱"的做法参见第 128 页，"焦糖色洋葱"的做法参见第 123 页。
※ "土豆泥"的做法参见第 122 页。

把碎蟹肉、土豆泥和白酱搅拌，撒上芝士和面包粉用烤箱烘烤即可。简单方便又有营养，饱腹感强。味道就像蟹肉土豆奶油炸饼。

做法

1 | 做好奶油土豆泥。将冷藏的无盐黄油和牛奶提前恢复常温。在土豆泥里加入黄油和牛奶后进行搅拌。

2 | 将罐头装蟹肉去水，捣碎蟹肉。

3 | 在步骤1中加入白酱和焦糖色洋葱以及蟹肉，拌匀，可加少许盐调味后倒入耐热容器中。

4 | 在步骤3的容器中撒满芝士粉和面包粉，再撒上切碎的黄油。

5 | 放入烤箱烤至上色即可。

※ 如果使用冷冻保存的"土豆泥"，请先用微波炉解冻。

※ 如果使用"焦糖色洋葱"，请自然解冻或用微波炉解冻。

※ 如果菜品冷却，芝士就会变硬，所以推荐使用芝士粉

※ 如果在放入烤箱之前冷冻保存，食用时只需加热烘烤即可，方便快捷。

菠菜炖饭

材料（1人份）

· 米饭 ······························· 100g
· 水 ······························· 200mL
· 鸡精 100mL高汤的用量
· 菠菜泥 ····························· 30g
· 无盐黄油 ···························· 5g
· 盐 ······························· 适量
· 芝士粉 ···························· 适量
※ 用现切的帕尔马芝士，风味更佳。
· EXV橄榄油 ························· 适量

　　煮好的米饭再用高汤煮炖，加入菠菜泥搅拌即成，便捷省时。将平日常吃的白粥稍加改变，就能轻而易举地开发出各种主食口味。

※ "菠菜泥"的做法请参见第122页。

做法

1 | 将做好的米饭倒入锅中，加水盖过食材。煮沸后用滤网、流水滤净。

2 | 在锅中加入200mL的水和鸡精，再倒入步骤1的米饭后用大火加热。沸腾后转小火炖煮15分钟。要不停搅拌。如水不够，请慢慢加水，一直煮到进食者适合的软硬度为止。

3 | 在步骤2里加入无盐黄油和菠菜泥混合搅拌，加少许盐调味。

4 | 将步骤3盛出后淋上EXV橄榄油增添香味，再撒上芝士粉。

※ 如果使用冷冻保存的菠菜泥，请自然解冻或使用微波炉解冻。

※ 经水煮过的米饭用流水冲减黏性之后，即使食用时间延长，也不易变硬。

香软虾泥焗烤通心粉

材料（1 人份）

· 松软虾肉馅 ···75g
· 通心粉 ··40g
· 洋葱 ···25g
· 白酱 ··180g
· 芝士粉 ··5g
※ 用现切的帕尔马芝士，风味更佳。
· 细面包粉 ··· 3~4g
· 无盐黄油 ··5g
· 橄榄油 ···适量

即使嚼不动大虾的人，也能享用做成小虾形状的"松软虾泥"，肉馅部分松软得用舌头就能碾碎。可以品尝到虾肉、芝士以及意大利白酱的浓郁香醇风味。

※ "松软虾肉馅"的做法请参见第 126 页。
※ "白酱"的做法请参见第 128 页。

做法

1 将通心粉煮至能用舌头碾碎的软度后，切成 1~1.5 厘米长短。

2 将洋葱切末，用橄榄油炒至能用舌头碾碎为止。

3 将松软虾肉馅倒入裱花袋中，在盘子上挤成小虾的形状，盖上保鲜膜，放入 600 瓦功率的微波炉中加热 8秒。加热过头会变硬，所以到 7 成熟即可。

4 盆内倒入白酱和步骤 1 的通心粉、步骤 2 炒好的洋葱后，用力搅拌。拌匀后加入步骤 3 的虾肉混合即可。

5 将步骤 4 倒入耐热的容器中，按顺序倒入芝士粉和面包粉，最后撒上切碎的黄油，用烤箱烤至上色即可。

※ 根据虾泥大小不同，加热时间也要相应调整。

香软鸡肉丸咖喱饭

材料（1人份）

· 松软鸡肉丸 ·························· 5个
· 米饭 ····························· 适量
· 洋葱 ···························· 40g
· 土豆 ···························· 20g
· 胡萝卜 ·························· 10g
· 水 ···························· 150mL
· 咖喱块 ···························· 1份
· 色拉油 ·························· 适量

用"松软鸡肉丸"加上成品的咖喱块做成鸡肉咖喱饭。黏稠而又软嫩的鸡肉丸和咖喱十分对味。当然，也可以用自制的咖喱酱做成一道百吃不厌的家常菜。

※"松软鸡肉丸"的做法请参见第125页。

做法

1 将洋葱、土豆和胡萝卜去皮后切成1厘米见方的小块。土豆用水洗后沥干。

2 平底锅中加油烧热后倒入步骤1的食材翻炒，加水后转小火炖至柔软。锅中水分不足时，要适时添水。

3 先关火，将咖喱块掰成小块放入锅中溶解后，重新开小火煮至浓稠。

4 加入"松软鸡肉丸"，用小火煮熟。

5 米饭入盘，淋上咖喱。

※ 使用冷冻保存的"松软鸡肉丸"可无需解冻直接入锅即可。

※ 米饭的软硬程度与蔬菜切块大小，请依照食用者的咀嚼吞咽能力进行调整。

滋润干贝大阪烧

　　在山药泥里加入蛋白霜的大阪烧十分松软滋润。把容易呛到的海苔粉拌入面糊里，可以安心食用。大阪烧必备的红姜，令人吮指回味。

材料（1人份）

· 低筋面粉 ················· 20g
· 泡打粉 ················· 1小勺
· 大阪烧海苔粉 ··········· 1/4小勺
· 蛋黄 ··················· 1个
· 蛋白 ··················· 1个
· 高汤 ··················· 200mL
· 蛋黄酱 ················· 5g
· 虾米 ··················· 1小勺
· 红姜 ··················· 3g
· 山药 ··················· 15g
· 炸面渣 ················· 3g
· 扇贝柱 ················· 1个
· 色拉油 ················· 适量

● 装饰用料

大阪烧酱汁 ············· 适量
蛋黄酱 ················· 适量

※ 容易呛到的海苔粉和红姜末都拌进了面糊里，就能安心食用。

※ 透过透明的锅盖能清楚地看到锅里面糊的变化，便于判断翻面时机。

做法

1 在平底锅中放少许油，加热，用小火煎扇贝柱两面各1分钟。5成熟后起锅盛出，切成7mm见方的小块装盘备用。

2 将虾米磨成粉末状。

3 将红姜切成细末，山药磨成泥。

4 用电动搅拌器将蛋白打发至拉起可成尖角状态，做成蛋白霜。

5 在盆中倒入低筋面粉、泡打粉、海苔粉、蛋黄、高汤、蛋黄酱、步骤2的虾米粉和步骤3的红姜碎末、山药泥，和炸面渣一起搅拌均匀。

6 在步骤5中加入步骤4打发的蛋白霜，翻拌均匀。为了不让蛋白霜消泡，要用切拌的手法搅拌。

7 在平底锅中放少许油，加热。转小火加入步骤6的面糊，盖上锅盖煎6分钟。

8 待面糊表面出现气泡，边缘也开始凝固后，翻面煎2分钟，盛盘。涂上大阪烧酱汁，也可根据喜好淋上蛋黄酱。

9 最后加入步骤1的扇贝柱。

※ 可用搅拌机磨碎较硬的虾米。

奶油蚕豆炸土豆饼

材料（5~6 个量）

·蚕豆	70g
·土豆泥	150g
·洋葱	40g
·白酱	80g
·盐	1/4 小勺

●面糊

面粉	3 大勺
水	3 大勺

※ 面糊是在油炸时方便面包糠顺利包裹的黏稠剂，可以省掉裹蛋液这个步骤。

细碎面包糠	适量
油炸用油	适量

※ "土豆泥"的做法请参见第 122 页。
※ "白酱"的做法请参见第 128 页。

将看起来就很清爽的蚕豆碾至便于食用的泥状，用土豆泥和白酱包裹起来做成松软而又湿润的炸土豆饼。到了吃蚕豆的季节，请务必尝试一下这道极品。

做法

1 将20克盐加入1L的开水中煮沸，再将蚕豆倒入，煮2分钟后去皮备用。

2 将洋葱切丁，用小火炒至分量缩到原来的一半。

3 盆中加入土豆泥和蚕豆，用捣泥器压碎后加入步骤2的洋葱。

4 在步骤3的基础上加入白酱和盐，混合均匀。为了方便塑型，连盆一起放入冰箱冷冻30分钟至1个小时，在未完全冻住之前取出。

5 将步骤4的冷冻面团分成5~6等份，手上抹油捏成椭圆形。

6 将步骤5的冷冻面团包裹上面糊再黏上一层面包糠，入油锅炸。

※ 若使用冷冻土豆泥或冷冻白酱，请先解冻。

香煎沙丁鱼配番茄罗勒酱

将柔软的沙丁鱼肉稍微煎过之后，淋上番茄罗勒酱就是一道意大利风味料理了。番茄的酸味和罗勒的清爽搭配得相得益彰，丰富的配色也能够激发食欲。

材料（1人份）

- 沙丁鱼 ································· 2 条
- 番茄 ································· 50g
- 盐和胡椒 ···························适量

● 罗勒酱（常用分量）

罗勒叶································· 25g

大蒜································· 1 瓣（6g）

松子（可省略）····················· 20g

EXV橄榄油 ····················· 5 大勺

盐································· 1/5

※ 罗勒酱可冷冻保存一周，搭配意大利面、蔬菜或者和蛋黄酱混合等，有多种食用方式。

※ 也可以使用青紫苏叶来做酱，味道也很好。

做法

1 先来做罗勒酱。将罗勒叶用手撕碎，大蒜切末，再把松子用平底锅煎至上色。将做罗勒酱需要用到的材料全部放入食物料理机中打成顺滑的糊状。

2 在番茄的顶端划个十字刀，放入热水中氽烫5~10秒后过凉开水，然后去皮切成两半，再用勺子将里面的种子挖掉后切成5~7mm见方的小块。加入步骤1的酱汁混合，加少许盐来调味。

3 将沙丁鱼去头，用手指将内脏掏出后将鱼洗净。去掉中间和两旁的鱼刺，用厨房用纸擦干鱼身水分。

4 在沙丁鱼上撒上盐和胡椒，锅中倒油，油热后将鱼放入，用中火煎烤。煎至微微烧焦的程度后翻面继续煎另一面。出锅后盛到盘子中，淋上步骤2的酱汁。

牛油果塔塔鱼肉

　　将柔软的鱼肉剁碎做成塔塔酱风味，平日里常吃的生鱼片即刻华丽变身。淋上自己喜欢的酱料就能尽情享用。

· 干贝柱 ···················· 30g

· 金枪鱼 ···················· 30g

· 牛油果 ···················· 30g

· 柠檬汁 ···················· 少许

●紫苏酱

紫苏叶 ···················· 5g

EXV橄榄油 ··············· 20mL

盐 ························· 少许

●配料

三文鱼卵或生食海胆 ·············· 适量

●酱汁

请准备合自己口味的酱汁。酱汁混合食物一起吃更容易吞咽。

※蛋黄酱混合番茄酱而成的千岛酱与鱼类是绝配。

※清爽的柚子醋冻、芝麻香油风味的中式酱汁也很对味。

做法

1　将干贝柱和金枪鱼切成5mm见方的小块。

2　将牛油果也切成5mm左右的小块，为了防止变色，在表面挤上柠檬汁。

3　制作紫苏酱。将紫苏叶切成碎末后倒入食物料理机，加盐和EXV橄榄油打成顺滑的糊状。如果觉得太稠，可以加入少许清水。

4　在盘子中间放上圆形的模具（烘焙用的无底圆桶，请参见第197页），将金枪鱼、牛油果、干贝柱依次层层叠在模具里。

5　将紫苏酱按照相同的间距点缀在步骤4的模具周围。

6　拿掉模具，放上三文鱼卵或生食海胆。

7　吃的时候请淋上喜欢的酱料搭配食用。

※照片上的成品使用的是直径6cm、高4cm的圆桶形模具。也可以将圆塑料瓶或者牛奶瓶横切断后作为模具来用。除了用模具固定，用透明杯子盛也能达到很好的效果。

※"千岛酱"的做法请参见第100页。

Recipe
10

香软炸虾条

将松软鲜嫩的虾肉馅用加入了虾粉的面包糠包裹后油炸，食后令人回味。裹面糊的步骤比较费事，但使用蛋黄酱即可轻松完成。

材料（1 人份）

· 松软虾肉馅 ······························ 约80g

● 面糊

　蛋黄酱 ·································· 适量
　细碎面包糠 ··························· 适量
　虾米（粉末）··············· 面包糠的1/5

● 酱汁

　番茄酱 ································· 20g
　番茄汁 ································ 20mL
　※ 请用无盐100% 纯番茄汁。

● 配菜

　胡萝卜泥、土豆泥、西蓝花泥各适量。

※ 各种泥的做法请参见第 121~123 页。
※ "松软虾肉馅"的做法请参见第 126 页。
若使用冷冻保存后的虾肉馅，请先自然解冻
或使用600 瓦功率的微波炉加热15 秒解冻。

做法

1 | 将番茄汁和番茄酱混合做成酱汁。

2 | 将松软虾肉馅放入裱花袋中，挤出呈约7cm长的条状，叠加4~5条后就能变成大虾的形状。

3 | 轻轻地裹上保鲜膜，再次放入600 瓦功率的微波炉中加热20秒。由于之后还需要油炸，请注意不要加热过头，7分熟即可。

4 | 将虾米磨成粉后和面包糠混合。

5 | 将步骤3的虾肉馅涂上一层蛋黄酱后裹上步骤4的面包糠，热锅倒油，用略高的温度油炸。

6 | 炸好后盛盘，淋上步骤1的酱汁。将配好的蔬菜泥用勺子整形后点缀在盘子上。

干烧香软虾泥

虾料理的代表菜——干烧虾仁。只要用松软虾肉馅做成虾仁的形状，不但软嫩好吞咽，还能享受甜辣酱汁里大蒜和香油的味道。

材料（1人份）

· 松软虾肉馅 ························· 约70g
· 芝麻香油 ··························· 少许

● 甜辣酱汁

蒜末 ···························· 1/2 小勺
姜末 ···························· 1/2 小勺
洋葱末 ···························· 2 大勺
豆瓣酱 ···························· 1/4 小勺
鸡高汤 ···························· 25mL
番茄酱 ···························· 1 大勺
砂糖 ···························· 1/2 大勺
蜂蜜 ···························· 1/2 大勺

● 勾芡

玉米淀粉 ···························· 1/2 小勺
水 ···························· $1\frac{1}{2}$ 小勺

※ "松软虾肉馅"的做法请参见第 126 页。

做法

1 将松软虾肉馅倒入裱花袋中，在盘子上挤出虾仁的形状，然后轻轻裹上保鲜膜放入微波炉中加热8秒钟。因为加热过头虾肉馅会变硬，请加热到7分熟即可。

2 制作甜辣酱。锅中倒入油，加入蒜末、姜末和洋葱末炒香后再加入豆瓣酱、鸡高汤、番茄酱、砂糖、蜂蜜，转小火炖煮。

3 将步骤1的虾肉馅倒入步骤2的酱汁中混合。

4 步骤3中加入芡汁勾芡，用勺子搅拌至虾肉馅熟透、汤汁收干，淋上少许芝麻香油增香。

※ 若使用冷冻保存后的虾肉馅，请先自然解冻或使用 600 瓦功率的微波炉加热 15 秒来解冻。

※ 要加快手速以免虾肉馅过熟。

香软肉馅猪排

材料（1 人份）

· 猪肉馅 ·····················90~120g

●面糊

　蛋黄酱·····················1大勺
　细碎面包糠 ···················适量
　油炸用油 ····················适量

　　这个炸猪排是在我明知猪排太硬明夫可能咬不动，却不愿意放弃时，想到用松软猪肉馅做成肉排。软得用筷子就能切开。喜欢吃肉或油炸食物的人一定要试一试。

※ "松软猪肉馅"的做法请参见第 124 页。

做法

1 | 将松软猪肉馅放到保鲜膜上，包裹后整成6cm×14cm的方形。再将其放入600瓦功率的微波炉内，加热40秒至1分钟后自然冷却。

2 | 将步骤1的肉馅排揭去保鲜膜，涂上蛋黄酱后裹上面包糠。

3 | 热锅倒油，用稍高的温度炸制。

※ 将猪肉馅做成肉排的形状再冷冻，方便以后使用。整成 6cm×14cm 方形，分量可以根据食用者的咀嚼吞咽能力来调整。
※ 请注意，炸制过程中如果过度加热会使肉排变硬。

番茄炖香软鸡肉丸

材料（1人份）

- 松软鸡肉丸 ·······················8~9个
- 番茄汁 ···························· 200mL
※ 请用无盐 100% 纯番茄汁
- 焦糖色洋葱 ························30g
- 鸡精 ············用于 150mL 鸡汤的分量
※ 考虑到番茄汁在炖煮后会变少，所以只需用于 150mL 鸡汤的鸡精量。试味道后加盐调整咸淡。不同品牌的鸡精用量不同，请参照说明使用。
- 月桂叶 ·····························1/2 片
- 芝士粉 ·····························适量
- 香芹叶（切末） 适量
※ "松软鸡肉丸"的做法请参见第 125 页。
※ "焦糖色洋葱"的做法请参见第 123 页。

只需即食的番茄罐头和松软的鸡肉丸，就可炖煮成简单的意大利料理。加了焦糖色洋葱和番茄汁，吃起来别有风味。

做法

1　锅中加入番茄汁、鸡精、月桂叶、焦糖色洋葱后开火加热。

2　小火煮 5 分钟后，加盐调味。

3　将松软鸡肉丸倒入锅中小火炖煮。

4　盛盘后撒入芝士粉，再点缀上香芹叶碎末。

※ 使用冷冻好的焦糖色洋葱的话，无需解冻直接放入锅中。

※ 使用冷冻好的松软鸡肉丸的话，无需解冻直接放入锅中。

※ 用番茄罐头代替番茄汁也很美味。

※ 因为鸡肉丸很软，放入锅中后尽量不要搅拌。

※ 容易被噎到的人就不要加香芹叶碎末了。

芜菁炖香软鸡肉丸

　　加贺料理的代表菜治部煮是将鸭肉和蔬菜炖煮后加入浓厚的酱汁一起食用。以此为灵感，我用松软鸡肉丸和芜菁替代，煮出浓稠感，给人高级料理的感觉。

材料（1人份）

- 松软鸡肉丸 ·················· 8个
- 芜菁 ······················· 2个
- 菠菜叶 ······················40g
- 胡萝卜（切花）·············2~3片
- 面筋（这里用花型面筋）·············· 2个
- 面粉 ·······················适量

● 卤汁

高汤 ························· 200mL
砂糖 ·························· 1大勺
味淋 ·························· 1大勺
淡味酱油 ······················ 1大勺
盐 ·························少许

● 芡汁

玉米淀粉 ······················ 1小勺

※ "松软鸡肉丸" 的做法请参见第125页。

做法

1 │ 准备好松软鸡肉丸。

2 │ 将芜菁削皮至没有筋残留，再切成菱形，放入水中煮4~5分钟。

3 │ 将菠菜叶倒入加盐的热水中过水后，再放入冷水中浸泡，然后攥干水分再切碎，用料理机磨成泥状。

4 │ 将胡萝卜切成5mm厚，入锅煮软，再用磨具切成花形。

5 │ 面筋切成5mm厚，热水余烫1分钟。

6 │ 把做卤汁的调料倒入锅中炖煮，把芜菁、菠菜依次倒入，煮1分钟后捞出。

7 │ 将步骤1的鸡肉丸裹上一层薄面粉，也倒入步骤6的卤汁中煮1分钟。

8 │ 将芜菁、菠菜、肉丸盛盘。卤汁用玉米淀粉勾芡后继续炖煮，直至变得浓稠后淋入盘中。放上步骤4的胡萝卜切花和步骤5的面筋装饰。

※ 如果使用冷冻的鸡肉丸，可以自然解冻或是用600瓦功率的微波炉加热30秒即可。

※ 咀嚼能力较好的人，可以在鸡胸肉表面划上花刀后，裹上面粉一起炖煮食用。

三文鱼奶油炖菜

　　将三文鱼稍稍煎过之后再将蔬菜切成小块一起炖煮，即可完成一道看起来就很有食欲的奶油炖菜。

材料（1人份）

- 三文鱼 ·················· 50g
- 洋葱 ···················· 75g
- 土豆 ···················· 45g
- 胡萝卜 ·················· 15g
- 白菜叶 ·················· 适量
- 盐 ······················ 适量
- 水 ···················· 135mL
- 高汤粉 ·············· 3/4 小勺
- 白葡萄酒 ·············· 15mL
- 月桂叶 ·············· 1/2 片
- 淡奶油 ················ 15mL

- 橄榄油 ·················· 适量
- 面粉 ···················· 适量
- 白胡椒粉 ················ 少许
- 肉豆蔻粉 ················ 少许
- 白酱 ·················· 120g

※ "白酱"的做法请参见第 128 页。

做法

1. 将三文鱼去皮去骨，切成三等份，放到调理盘上两面撒上盐（鱼肉重量的1%），静置20分钟后拿厨房用纸吸掉多余的水分。

2. 在三文鱼上撒上一层薄薄的面粉。使用平底锅，热锅倒油，将三文鱼煎至6分熟。淋上白葡萄酒，等待酒精挥发后撕成易入口的大小。

3. 将洋葱、土豆、胡萝卜削皮，均切成7cm见方的小块。

4. 将白菜叶绿色的部分放入加盐的开水中，煮烂后再切碎。

5. 锅中热油，加入步骤3中的蔬菜翻炒一下，再加入水、高汤粉、月桂叶，炖煮至软烂。中间水不够了可适量加水。

6. 再倒入白酱煮至黏稠。

7. 将步骤2撕碎的三文鱼倒入步骤6的炖锅中，再加入淡奶油、白胡椒粉、肉豆蔻粉调味后盛出。加上步骤4的白菜叶进行点缀。

※ 因为鱼肉在最后还要加热，所以在步骤2的时候注意不要煎太熟。

千岛酱荷包蛋配土豆泥

半熟的荷包蛋和顺滑的土豆泥完美配搭。稠稠的鸡蛋黄配上由蛋黄酱和番茄酱制成的千岛酱，更容易帮助吞咽。

材料（1 人份）

· 鸡蛋 ································1个
· 盐 ·································1小勺
· 醋 ·································50mL
· 水 ·································500mL
· 土豆泥 ·······························50g
· 菠菜泥 ·······························少许
· 橄榄油 ·······························适量
· 胡椒 ·································适量

● 千岛酱

蛋黄酱 ································ 15g
番茄酱 ································· 5g
白兰地酒 ······························ 几滴
柠檬汁 ································ 几滴

※"土豆泥"和"菠菜泥"的做法请参见第122页。冷冻保存的情况下可以自然解冻或是用微波炉解冻。

做法

1　将鸡蛋打入碗中备用。锅中放水烧开，加入盐和醋。转小火用筷子将水搅拌成旋涡状，将鸡蛋倒入漩涡中。

2　小火加热2~3分钟，用汤勺把鸡蛋捞起来用指腹试一下，半熟即可放入冷水中过一下，再捞起放在厨房纸巾上吸干水分。

3　把圆形模具（参见第197页）放在盘中央，摆上经过盐和胡椒调味后的土豆泥，拿掉模具后放上鸡蛋。

4　用橄榄油拌匀菠菜泥，点缀在盘子四周相隔等距的地方。将制作千岛酱的原料混合后淋在步骤3的鸡蛋上。

※ 水中放入盐和醋是为了让蛋白质不那么容易增稠。

※ 如果在沸水中直接放入鸡蛋，蛋白会散开，请转小火后等水不再翻滚后再放入鸡蛋。

清蒸茄子配柚子醋冻

材料（1人份）

· 茄子································ 1根（80g）

●柚子醋冻

柚子醋······························ 10mL
水································· 30mL
凝固粉····························· 半小勺
姜泥······························· 少许

美丽的翡翠绿色蒸茄子有一种春天般温和的味道。灵活运用微波炉加热，省去蒸制，搭配柚子醋冻食用。越冰凉越美味。

※ 关于"凝固粉"请参见第 80 页。

做法

1 将茄子削掉薄薄的一层皮，用水浸泡5分钟除去涩味，再用浸湿的保鲜膜包裹后放入600瓦功率的微波炉内加热5分钟。

2 将步骤1的茄子不要撕掉保鲜膜直接放入冷水中稍作冷却。

3 将步骤2的茄子横切成三等份，揭掉保鲜膜后放入食物料理机中打成泥状，再盛入玻璃容器中，用汤勺背面将表面抹平。

4 将柚子醋冻材料（不包括凝固粉）倒入深容器中，用电子打泡器搅拌约10秒钟。倒入凝固粉静置1分钟，再搅拌10秒钟后静置5分钟。

5 将步骤4的柚子醋冻倒入步骤3装茄子的容器中，放上姜泥。

※ 削茄子皮的时候尽量切薄一些，留下靠近皮的深绿色的地方。请注意，如果去掉太厚的一层皮，就不能做成翠绿色了。

香软鸡肉馅薄片棒棒鸡

使用松软鸡肉馅薄片做成柔软易入口的棒棒鸡。浓稠的芝麻酱也可以帮助吞咽，再配上剥掉皮的小番茄。

材料（1人份）

· 松软鸡肉馅薄片 ········· 3片（1片30g）
· 小番茄 ································2~3个

●芝麻酱汁

砂糖······························1/2大勺
苹果醋·····························1/2小勺
酱油·····························1/4小勺
白芝麻糊或芝麻酱··················1大勺
芝麻油····························1/2小勺
姜汁·····························1/3小勺
水·······························1/2大勺

※ "松软鸡肉馅薄片"的做法请参见第124页。

※ 一次做很多鸡肉馅薄片冷冻起来备用，可以有效节省做饭的时间。

做法

1　先制作芝麻酱汁。将白芝麻糊或芝麻酱倒入盆中，依次加入砂糖、酱油搅拌，再加入苹果醋、水、酱油、姜汁混合，最后加入芝麻油拌匀。

2　将松软鸡肉馅薄片放入600瓦功率的微波炉内加热30秒，冷却后切成5mm宽度的条状。

3　将小番茄用刀在底部割出浅十字花后，放入滚水中余烫5~10秒。

4　随后立即放入凉水中冷却、剥皮，再切成5mm厚度的薄片摆入盘中。

5　将步骤2的鸡肉馅薄片放在步骤3的小番茄上，再淋上芝麻酱汁。

※ 如果使用冷冻的松软鸡肉馅薄片，可以每片用600瓦功率的微波炉加热1分10秒，随后自然放凉即可。

※ 酸味过大容易被呛到，请控制芝麻酱汁中醋的含量。

※ 小番茄余汤去皮后可以再去掉籽，会更容易食用。

毛豆豆腐配海胆粒

这里的毛豆使用的是冷冻毛豆，所以不分季节随时都可以仅用3分钟就能做出这道菜。请一定要试一下结合毛豆的香气和味道做出来的嫩豆腐。

材料（2人份）

· 毛豆（汆烫后去皮）·················80g
· 嫩豆腐·································80g
· 水····································80mL
· 凝固粉····························约3小勺
· 盐·································2小撮

● 日式芡汁

高汤································100mL
减盐酱油··························1/4小勺
盐·································2小撮
味淋····························1/4小勺
凝固粉··························1/4小勺
海胆粒（装饰用）·····················适量

※ 关于"凝固粉"请参见第80页。

做法

1　将毛豆、豆腐、水、凝固粉、盐倒入搅拌器中打20秒后停止。为了让凝固粉吸收水分，请静置2分钟后再继续打15秒，直至毛豆颗粒完全消失。

2　制作日式芡汁。将芡汁所用的材料全部放入研磨器内搅拌。

3　用大汤匙舀一勺毛豆豆腐，放入盘内，再浇上日式芡汁，摆上海胆粒。

※研磨器是用来把坚硬的东西磨碎的机器。如果没有的话可以用搅拌器代替。

※ 为了让凝固粉吸收水分，中途需要静置一段时间。静止时间越长越容易增稠。虽说常温也可以增稠，但是放到冰箱里的话可以缩短增稠时间，而且毛豆豆腐冰一下会更美味。

西式杂菇蒸蛋羹

使用了牛奶和淡奶油的浓醇西式鸡蛋羹。冷冻杂菇泥
的醇厚香气和味道包裹住鸡蛋，有一种清爽绵密的口感。

· 鸡蛋 ················· 1 个 (50g)

· 淡奶油 ················· 50mL

· 牛奶 ················· 50mL

· 焦糖色洋葱 ················· 15g

· 杂菇泥 ················· 90g

· 鸡精 ················· 130mL 汤的用量

· 无盐黄油 ················· 适量

● 芝士酱汁

奶油芝士 ················· 1 大勺

牛奶 ················· 20mL

※ 鸡蛋羹的蛋、淡奶油、牛奶的比例是 1：1：1。请加入自己喜欢的食材享用。

※ "焦糖色洋葱"和"杂菇泥"的做法请参见第 123 页。

做法

1 准备好焦糖色洋葱和杂菇泥。

2 将鸡蛋、淡奶油、牛奶和鸡汤倒入盆中搅拌后用滤网过滤。

3 接步骤 2 加入焦糖色洋葱和杂菇泥，继续搅拌。

4 把容器内壁涂上无盐黄油后倒入步骤 3 的半成品。

5 在已经冒热汽的蒸笼里放入步骤 4 的容器。在蒸笼和锅盖之间摆上两根筷子留一道缝隙。一开始先开大火蒸 3 分钟，蒸至蛋变白后转小火蒸 16~20 分钟。拿起锅盖用竹签扎一下蛋羹，不会流出浑浊的蛋液就可以关火了。

6 盖上锅盖焖 3 分钟，这样可以使液体均匀遍布已经增稠的蛋羹，使蛋羹变得滑嫩。趁热用竹签在容器内侧划一圈脱模倒扣在盘子上。

7 制作芝士酱汁。将奶油芝士回温后加入牛奶搅拌均匀，过筛后淋在步骤 6 做好的蛋羹上。

※ 在焦糖色洋葱和杂菇泥冷冻保存的情况下，可以自然解冻或是用微波炉解冻。

※ 放进冰箱冷藏一下再食用也很美味。

西兰花三文鱼慕斯

　　烟熏三文鱼与奶油芝士混合而成的酱汁搭配西蓝花非常棒，吃起来有一种前菜的感觉。使用凝固粉缩短了制作时间。

材料（2人份）

● 西蓝花的慕斯

西蓝花泥 ························ 80g

水 ····························· 40mL

凝固粉 ·························· 4/5 小勺

淡奶油（脂肪含量45%以上）······· 20mL

● 三文鱼酱汁

烟熏三文鱼 ··················· 2片（20g）

奶油芝士 ························· 5g

淡奶油 ························· 20mL

牛奶 ···························· 25mL

生海胆（装饰用）················· 适量

※ "西蓝花泥"的做法请参见第 122 页。

※ 关于"凝固粉"请参见第 80 页。

做法

1　先来制作西蓝花慕斯。准备好西蓝花泥。

2　将淡奶油打发至7分发泡。

3　将西蓝花泥、水、凝固粉一起放入粉碎机，搅拌15秒左右后停止。为了让凝固粉吸收水分，请静置1分钟后再继续打15秒，直至西蓝花颗粒完全消失。

4　将步骤2打发的奶油倒入步骤3中，用切拌的方式混合。

5　将步骤4做好的食材分成两等份，放入透明的玻璃杯中。

6　再制作三文鱼酱汁。将奶油芝士回温后和烟熏三文鱼、淡奶油、牛奶一起放入粉碎机中搅拌，做成无颗粒的顺滑酱汁。

7　将步骤6做好的酱汁倒入步骤5的玻璃杯中，再摆上海胆粒做装饰。

※ 使用冷冻西蓝花泥的话，可以自然解冻或用微波炉解冻。

※ 烟熏三文鱼的咸淡根据不同品牌也会有所不同。如果觉得太咸，请加入淡奶油或牛奶中和一下。

※ 打发少量的淡奶油用打泡器更方便。

芜菁镶香软鸡肉丸

将松软鸡肉丸塞进汁水丰富的芜菁中，再用酱汁炖煮至软烂，便是一道清爽高雅的配菜。芡汁将芜菁和鸡肉丸包裹在一起，呈现入口即化的柔软度。

材料（1 人份）

· 芜菁 ······················2个
· 松软鸡肉馅 ··············3~4 大勺

●酱汁

高汤······················200mL

味淋······················2 小勺

酒························2 小勺

减盐酱油 ··················2/3 小勺

盐························1/3 小勺

●芡汁

玉米淀粉 ··················1 小勺

水························2 小勺

※"松软鸡肉丸"的做法请参见第 125 页。

做法

1 将芜菁的茎留下 1.5cm，其余茎部分切掉。用流水冲洗芜菁，用竹签将茎根部的污垢去除。

2 在芜菁表面往下 1.5cm 的地方横切，用勺子挖空内部。为了立起来，再将底部稍微切平整。

3 在挖空的地方塞入松软鸡肉丸。

4 锅中倒入酱汁所需材料，步骤3的食材和芜菁被切掉的上半部也放入锅内，盖上用厨房用纸做成的纸盖，炖煮12~13分钟，直到芜菁的上半部软烂之后先取出备用。

5 用芡汁将步骤4的汤汁勾芡。

6 完成后盛盘，盖上芜菁的上半部即可。

香滑奶油焗土豆泥

材料（1人份）

- 土豆泥 ·······················100g
- 无盐黄油 ·······················10g
- 牛奶 ·························50mL
- 盐 ··································1g
- 古冈左拉芝士 ····················10g
- 芝士粉 ·························10g

土豆泥里加入黄油和牛奶混合而成的香滑土豆泥，铺上芝士烤制即可做成一道方便快捷的料理。虽然看上去朴实无华，但是却有着很丰富的口感。

※ "土豆泥"的做法请参见第122页。
※ 换成其他喜欢的芝士也可以。

做法

1 | 将土豆泥、无盐黄油、牛奶倒入耐热容器中，盖上保鲜膜放入600瓦功率的微波炉内加热约2分30秒。

2 | 在步骤1中加入盐，搅拌，直至成团有黏性即可。如果想要口感更顺滑，这里可以多加一步过筛程序。

3 | 完成后倒入1人份的烤盘中，再将切碎的古冈左拉芝士和芝士粉撒在上面。

4 | 接着放进烤箱烤至上色即可。

※ 在土豆泥分小份冷冻保存的情况下可以自然解冻或用微波炉解冻。
※ 步骤3结束后可放入冷冻室里保存。忙起来的时候或者想再多做一道菜的时候，只要烤一下即可成为一道拿得出手的菜品。
※ 在冷冻保存的情况下，用微波炉加热一下再放进烤箱比较好。
※ 可溶芝士放凉后会变硬，影响吞咽，所以还请留意。

春食洋葱炖鸡汤

材料（1 人份）

· 洋葱 ··························1 个（200 g）
· 水 ·····························400mL
· 鸡精 ·····················200mL 汤的用量
※ 也可用清汤粉。
· 月桂叶 ·······················1 小片
· 盐 ······························适量
· 红甜椒 ·······················1/10 个
· 芝士粉 ·························适量
※ 用现切的帕尔马芝士风味更佳。

　　将春天收割的新洋葱整个入锅炖煮鸡汤，满口都是洋葱的清甜。用汤匙将洋葱碾碎后跟鸡汤一起食用，即可享受这美味黏稠的口感。用微波炉做菜大大地节省了时间。

做法

1　将洋葱洗净剥皮，放入耐热容器中，盖上保鲜膜，放进 600 瓦功率的微波炉内加热 5 分钟。

2　锅中加入洋葱、水、鸡精、月桂叶，开火，盖上用厨房用纸做成的盖子，改小火炖 30 分钟，到水大约靠干一半，竹签能轻易扎透洋葱即可。试一下味道，调味。

3　将红甜椒切成 1.5cm 方块，包上保鲜膜，放进 600 瓦功率的微波炉内加热约 50 秒，然后连带保鲜膜一起冲水冷却后剥掉椒皮即可。

4　将步骤 2 的汤盛盘，放上红甜椒再撒上芝士粉即可。

※ 冷却后会更入味，所以煮好之后可先放凉，等吃的时候再加热风味更佳。

毛豆意式浓汤

材料(2~3人份)

- 毛豆(氽烫后去皮)················100g
- 焦糖色洋葱·····················15g
- 土豆泥·······················30g
- 鸡精···················340mL汤的用量
- 水·························150mL
- 牛奶·························50mL
- 鲜奶油·······················15mL
- 月桂叶·······················半片
- 盐和胡椒······················少许

意式浓汤有着温柔的绿色和毛豆的风味，令人心情放松。无须在意季节，使用冷冻毛豆即可。焦糖色洋葱的甜味加上土豆泥的浓稠，冷热皆可食用。

※ "焦糖色洋葱"和"土豆泥"的做法请参见第122、123页。

※ 这份浓汤的材料全部为360g，但我只用了340mL汤量所需的鸡精，剩下的用盐来调整咸淡。根据不同品牌，用的分量也不同，请先确认使用方法和分量。

做法

1 将毛豆、焦糖色洋葱、土豆泥、鸡精、水、月桂叶放入耐热容器中，用600瓦功率的微波炉加热3分钟，挑出月桂叶后倒入搅拌器中打碎再过筛。

2 在步骤1制成的汤液中加入牛奶、鲜奶油，搅拌均匀，再加入白胡椒粉。热食的话就在加热后盛出即可，冷食的话放入冰箱内冷藏。试一下味道，加盐调整咸淡。

※ 制作冷制浓汤，想要快一点凉透的话，可以在盛有冰块的容器中放入步骤2的浓汤，用刮板搅拌浓汤底部即可。

西班牙式冻汤

西班牙冻汤是将番茄、黄瓜、青椒等夏季蔬菜放入搅拌机中打碎制成的冷汤。其中的香辛料孜然的清爽香气令没有食欲的人也会垂涎。

材料（1人份）

· 番茄	150g
· 红甜椒	10g
· 黄瓜	30g
· 洋葱	12g
· 红甜椒粉	1/4 小勺
· 番茄泥	3g
· 水	25mL
· 苹果醋	半小勺
· 盐	1/3 小勺
· 大蒜	1/2 瓣
· 孜然	1/4 小勺
· 生面包糠	15g
· EXV橄榄油	25mL
· 配料	适量
· 柠檬	适量

※ 配料可用猕猴桃、牛油果、茅屋芝士等，请按照自己的喜好准备。

做法

1 将大蒜切末，将孜然和生面包糠倒入搅拌器中打碎。

2 将黄瓜和洋葱去皮，番茄和红甜椒切滚刀块。

3 将红甜椒粉、番茄泥、水、苹果醋、盐和步骤1、2的食材放进搅拌器中打碎。

4 接着倒入盆中放入冰箱冷藏半天，然后过筛盛盘。

5 将红甜椒（分量外）放入600瓦功率的微波炉内加热50秒后，过凉水去皮，切碎后撒上。再将其他喜欢的配料切碎放上，淋上少许柠檬汁。

※ 苹果醋的酸味会令人呛到，请控制分量。在冰箱里冷藏半天会更入味，酸味也会变得柔和。

水蜜桃冷汤

材料（1人份）

· 水蜜桃果肉 ·····································80g
（也可用桃子罐头代替）
· 奶油芝士 ···10g
· 牛奶 ··· 50mL
· 柠檬汁 ··少许
· 盐 ···少许

●装饰用

　水蜜桃丁 ·····································适量

　　用自制糖渍水蜜桃做的冷汤是我家夏天不可缺少的饮品。这次介绍的是不用糖渍水蜜桃，用新鲜的桃子就能简单制作的甜汤。也可以用桃子罐头。请一定要试一下。

做法

1 │ 将桃子剥皮，切出需要的分量的果肉。

2 │ 将奶油芝士放入600瓦功率的微波炉内加热10秒。

3 │ 将水蜜桃、牛奶、奶油芝士、柠檬汁倒入搅拌器内打碎。

4 │ 试一下味道，加盐调整咸淡。

5 │ 在冰箱里冷藏后盛盘，放上装饰用的水蜜桃丁。

※ 加入奶油芝士会让味道变得浓厚，不加的话味道则比较清淡。

※ 照片是用糖渍水蜜桃做的甜汤。将整个水蜜桃连皮一起炖煮，桃皮的色素会将甜汤染成美丽的粉色。

【糖渍水蜜桃做法】

将砂糖120g、水或白酒720mL、柠檬1片、肉桂条1条放入锅中炖煮，再放入3颗水蜜桃后盖上锅盖蒸煮10分钟，煮到用牙签可以轻松刺穿即可。

日式南瓜浓汤

材料（1人份）

· 南瓜泥 ·······························70~100g
· 高汤（柴鱼片和海带）···········100mL
· 西京味噌 ················· 14g（盐分15%）

这是将南瓜泥、西京味噌与高汤混合而成的日式浓汤。西京味噌的独特甜味更突显了南瓜本身的味道，是道温和的汤品。

※ "南瓜泥"的做法请参见第122页。
※ 不同品牌的味噌盐分不同，请注意加减盐的量。

做法

1 | 将南瓜泥、高汤、西京味噌放入耐热容器中，放进600瓦功率的微波炉内加热4~5分钟。

2 | 将步骤1的食材用细的筛网过滤。

※ 南瓜泥分小份冷冻保存时，可以不解冻直接按步骤1加热。

※ 冰镇效果更佳。

※ 南瓜泥不够，想要增稠的时候，可以在步骤1中加入煮熟的米饭5~10g，再用搅拌器打碎。在做其他蔬菜浓汤的时候也可以用米饭来调整浓稠度。

※ 汤放凉后会令人感觉咸味更浓，所以打算放凉吃的话，可以适量减少味噌的量。

糖渍无花果

材料（3~4人份）

· 无花果 ·············· 3~4 个（400g）
· 砂糖 ··················· 60~85g
· 红酒 ···················· 60mL
· 水 ······················ 200mL
· 香草荚 ·········· 1 条（或香草精少许）
· 肉桂条 ······················· 1 条
· 柑橘精 ······················ 少许
· 柠檬 ···················· 1 个切片

※ 煮糖渍水果时，砂糖与水或红酒等液体的比例为 1 比 3 左右。

　　糖渍水果是将水果与水、砂糖一起炖煮。就算是比较硬的水果，经过炖煮都会变得入口即化。无花果会把酱汁染成鲜艳的红色，妩媚动人。

做法

1 | 将无花果清洗干净，擦干水分。

2 | 将除无花果之外的所有食材全部放入锅中，开火，沸腾后转小火炖煮，这时再将无花果放进去。

3 | 盖上锅盖，小火炖煮 20~25 分钟，中途翻面。

4 | 将无花果切 4 瓣后盛盘，淋上酱汁。喜欢的话可以加上冰激凌或奶油。

※ 如果希望长期保存，可以将装糖渍水果的瓶子煮沸消毒后使用。
将瓶子放入足够大的锅中，倒满水后开火，开锅后继续炖煮 10 分钟。趁无花果还没凉透，倒入瓶子内直至离瓶口 0.5~0.8cm 的地方，盖上瓶盖。将瓶子浸在水中加热 15~20 分钟，稍松一下瓶盖，跑一下空气后再盖紧。

法式吐司配糖渍苹果

面筋吸满了香甜的蛋液，有种柔软湿润的口感。搭配水果、冰淇淋、果酱等一起食用，既可以当作早餐，也可以当作饭后甜点。

材料（1人份）

· 面筋 ················· 8块

· 鸡蛋 ················· 1个

· 牛奶 ················· 60mL

· 砂糖 ················· 10g

· 香草精 ················· 少许

· 橄榄油 ················· 1大勺

· 无盐黄油 ················· 1小勺

· 糖粉 ················· 适量

※ 用烘焙专用的防潮糖粉，成品会更好看。

● 糖渍苹果

苹果 ················· 1个

柠檬汁 ················· 1颗的量

味淋 ················· 300mL

利口酒（可省略）················· 少许

※ 利口酒的作用是增香，也推荐使用君度橙酒或柑曼怡酒。

做法

1 制作糖渍苹果。先将苹果连皮一起切成四等份，去核，再每份切成三等份。

2 将除利口酒以外的糖渍苹果材料全部放入锅中，开中火，沸腾后转小火，将厨房用纸巾铺上做盖子，炖煮30~40分钟。

3 起锅前加入利口酒，煮沸后立即关火，冷却。

4 再制作法式吐司。在打散的蛋液里加入牛奶、砂糖和香草精，混合均匀。

5 将面筋放入步骤4的蛋奶液中，正反面均匀地裹上蛋奶液。

6 锅中倒油，开小火，将步骤5的面筋煎至金黄。

7 加入黄油增香，均匀地裹在面筋上。

8 接步骤7盛盘，再用滤网筛上一层糖粉。

9 摆上糖渍苹果，淋上少许酱汁即可。

※ 就算是吃不了干巴巴吐司的人，也能享用使用面筋做的湿润的法式吐司。请一定要试一下。

117

免烤南瓜布丁

材料（1人份）

● 南瓜布丁

南瓜泥	60g
鸡蛋	一大个（66g）
砂糖	20g
盐	0.5g
牛奶	30mL
水	30mL
淡奶油	20mL
利口酒	15mL
凝固粉	1小勺

● 焦糖

白糖	60g
水	3大勺
柠檬汁	半颗量（15mL）

啊？不用烤也可以做布丁？是的呀，不需要烤制，只要把材料混合一下就能做成南瓜布丁哦。这是一道使用凝固粉简单做甜点的代表作。有现成的南瓜泥的话，15分钟就能搞定。

※ "南瓜泥"的做法请参见第122页。

※ 关于"凝固粉"请参见第80页。

做法

1　将做布丁的材料全部放入搅拌器打碎，直至搅拌均匀。静置1分钟让凝固粉吸收水分后再继续搅拌10秒钟。

2　将步骤1的食材倒入容器中静置5分钟，使布丁增稠。

3　制作焦糖。将白糖和两大勺水放入锅中，开小火。水沸腾冒泡时沿锅边搅拌，变成褐色就可以离火，从锅边倒入一大勺水和柠檬汁，搅拌均匀。

4　将步骤3的食材倒入步骤2的容器中，依照自己的喜好加上奶油（未写在预备材料中）

※ 若使用冷冻保存后的南瓜泥，请先自然解冻或用微波炉解冻。

※ 凝固粉不会受到温度影响，几分钟就可以增稠成果冻状。

※ 利口酒的作用是增香。用君度橙酒或柑曼怡酒也很好。

草莓慕斯

材料（2 杯的分量）

· 草莓 ························· 6颗（90g）
※ 慕斯用60g，配料用30g。
· 柠檬汁 ····················· 1/6个量（5mL）
· 砂糖 ······················· 20~30g
· 凝固粉 ····················· 2/3小勺
· 淡奶油 ····················· 60mL
（脂肪含量45%以上）
· 装饰用奶油 ··················· 适量

软绵绵入口即化的慕斯，不仅易吞咽，而且加上当季的水果，可以给饭桌上的菜品锦上添花。只要使用凝固粉，就能在短短几分钟内搞定。

※ 关于"凝固粉"请参见第80页。

做法

1 | 将淡奶油打发至7分。

2 | 将60g草莓、柠檬汁、砂糖、凝固粉加入搅拌器中打至顺滑。静置1分钟让凝固粉吸收水分后再继续搅拌20秒。

3 | 将剩下的30g草莓放入搅拌器中打成泥，取出备用。

4 | 在步骤2中加入步骤1打发好的淡奶油，搅匀后倒入容器，将步骤3的草莓泥铺上。可依据自己的喜好挤上奶油做装饰。放入冰箱内冷藏约30分钟。

※ 虽说常温也可以增稠，但稍微冷藏后可以加快增稠时间。
※ 需要打发少量的淡奶油时，使用打泡器更方便。
※ 淡奶油打发过头的话，慕斯容易变硬，打7~8分钟即可。

蜂蜜蛋糕制提拉米苏

这是用市售的蜂蜜蛋糕与速溶咖啡制成的提拉米苏。做法虽然简单，但是马斯卡彭芝士会带给你浓厚顺滑的口感。这是一道适合成年人的微苦咖啡甜点。

材料（2杯200mL杯子的分量）

· 蛋黄 ································· 1颗
· 马斯卡彭芝士 ·············· 40g
· 淡奶油 ·························· 80g
· 砂糖 ····························· 10g
· 成品蜂蜜蛋糕 ········ 3片（1片约35g）
· 可可粉 ·························· 适量

● 咖啡糖浆

速溶咖啡 ···················· 2大勺
热水 ·························· 60mL
砂糖 ························· 1~2勺
朗姆酒或白兰地酒 ·············· 1小勺

※ 可加少量增添风味，不加也可以，也可以使用君度橙酒或柑曼怡酒。

做法

1　将蛋黄和马斯卡彭芝士倒入盆中，用打蛋器搅拌均匀。

2　在另一个盆中加入淡奶油和砂糖，打发至8分，再将步骤1的食材分多次倒入，翻拌均匀。

3　将速溶咖啡和砂糖倒入热水中，搅拌均匀，冷却后加入朗姆酒。

4　将蜂蜜蛋糕从中间切开摆到方形底盘中（没有的话随便找个方形容器也可

以），再将步骤3的食材铺在上面。

5　用杯口和杯底相同大小的杯子，在蛋糕上扣出两片。

6　将1片蛋糕铺在杯底，加入步骤2 1/4的奶油。重复相同动作再铺一次蛋糕和奶油，最后撒上可可粉。第2杯也重复相同操作。

※ 可可粉容易让人呛到，请静置一段时间，使可可粉吸收奶油水分后即可。

基础食材

久理子风格的食谱特色就是使用这4种基础食材："色彩丰富的蔬菜泥"，"增添风味的配菜"，为了保持食材的形状用肉馅和虾泥做的"松软肉馅薄片"和"松软虾肉馅"，以及易于吞咽的"白酱"。有了这4种基础食材，就能做出前面介绍的特殊餐食了。如果提前做好冷冻保存的话，就可以随时轻松快速地做出。请大家活学活用。

色彩丰富的蔬菜泥

Base
01

胡萝卜泥

蔬菜泥在料理制作中作为基础食材非常受欢迎，与其他食材组合可以做出各种形态的料理。蒸茄子或烤茄子这种调味后的蔬菜也可以做成泥状，用起来很方便。

· 胡萝卜 ……………………………… 100g
· 水 …………………………………… 1大勺

将胡萝卜削皮后切成厚度为1.5cm的半圆片，放入耐热容器中，再加入水和一撮盐（预备食材外），盖上保鲜膜放进600瓦功率的微波炉内加热5分钟，最后全部放入搅拌器中打碎即可。

南瓜泥

· 南瓜 ·························100g
· 水 ·····················1~3大勺

将南瓜切成1.5cm见方的小块，放入
耐热容器中加入水和一撮盐（预备食
材外），盖上保鲜膜放进600瓦功率的
微波炉内加热5分钟，最后用叉子压
成泥即可。

西蓝花泥

· 西蓝花 ·······················100g
· 水 ·························1大勺

将西蓝花分成小朵，放入耐热容器中
加入水和一撮盐（预备食材外），盖上
保鲜膜放进600瓦功率的微波炉内加
热5分钟，再放入搅拌器中打碎。

土豆泥

· 土豆 ·························200g
· 水 ·························2大勺

将土豆削皮后切成4等份，冲洗干净
后放入耐热容器中，加入水和一撮盐
（预备食材外），盖上保鲜膜放进600
瓦功率的微波炉内加热5分钟，最后
用压泥工具捣制即可。

菠菜泥

· 菠菜 ·························100g
· 水 ·······························1L

在1L水中加入2小勺盐（预备食材
外），将菠菜倒入，煮2分钟后捞出泡
入凉水中以防变色，攥干水分后切成
1cm的段状，再倒入搅拌器中打碎。

香肠泥

· 猪肉香肠 ················150g
· 水 ····················50mL

将香肠切碎，倒入食物料理机中和水一起搅拌，不够的话一点一点地加水，直至打成顺滑的糊状。

※ 使用烟熏香肠也是不错的选择。

杂菇泥

· 鸿禧菇 ················180g
· 口蘑 ··················110g
· 香菇 ··················110g
· 洋葱 ··················200g
· 橄榄油 ··············$1\frac{1}{2}$大勺

将洋葱逆纹切成薄片。口蘑和香菇切片，鸿禧菇去根后掰开。锅中油热后用大火炒洋葱，最后加入全部菇类和2g盐（预备食材外），转中火炒至出水，再用食物料理机打碎即可。

焦糖色洋葱

· 洋葱 ··················400g
· 橄榄油 ················2大勺

将洋葱切丁后放入垫上厨房纸巾的耐热容器中，盖上保鲜膜包裹，放入600瓦功率的微波炉内加热5分钟。起锅热油，用大火将洋葱水分炒干，等声音减弱后转中火炒5分钟，接着转小火再炒10分钟。其间不断翻动，注意不要烧焦，炒至洋葱变色为止。

※ 用微波炉加热来去除洋葱水分，可以节省很多时间。

一点小提示

　　蔬菜泥不管是用来制作主菜、配菜还是汤品都很好用。觉得少了一点风味的时候，加一点"增添风味的配菜"就可以提升美味。可以分成15~30g小包装冷冻保存起来，方便使用。

松软肉馅薄片

将肉馅做成肉片的形状，就是松软肉馅薄片。使用不同食材就可以做成鸡肉薄片、猪牛肉薄片、猪肉薄片。肉馅薄片每片大约20~40g，只要重叠几片一起使用，就可以调整使用的分量。

材料

●松软鸡肉馅薄片（7片量）

鸡肉馅··································70g
绵豆腐··································50g
山药··································30g
洋葱··································30g
姜··································10g
蛋黄酱··································5g
鸡蛋（打散）··········半颗量（30g）
面筋··································6g

米酒··································1小勺
玉米淀粉··································1大勺
盐··································2小撮

●松软猪牛肉馅薄片

牛肉馅··································30g
猪肉馅··································20g
山药泥··································30g
蛋黄酱··································5g
鸡蛋（打散）··········半颗量（30g）
面筋··································6g
水··································1小勺
米酒··································半小勺
淡奶油··································5mL
玉米淀粉··································半大勺
盐··································少许

●松软猪肉馅薄片

猪肉馅··································50g
绵豆腐··································50g
山药··································30g
洋葱··································30g
姜··································5~10g
蛋黄酱··································5g
鸡蛋（打散）··········半颗量（30g）
玉米淀粉··································1大勺
盐··································2小撮

将山药削皮后磨成泥，洋葱、姜切丁。将面筋用食物料理机打碎，加入除山药泥以外的食材后打至顺滑的泥状，最后加入山药泥搅拌均匀。

准备两个 20.9cm × 16.5cm 左右的调理盘，再用 5cm × 14cm 的厚纸板做底板，贴在其中一个盘子中央。

做法

1.

在调理盘上铺上保鲜膜，将秤归零后量出 30g 肉馅。

※ 刚做好要直接用的话，用 600 瓦功率的微波炉加热 30 秒，冷却后再使用。冷冻的肉馅薄片，每片用 600 瓦功率的微波炉加热 1 分 10 秒，冷却后再使用。

2.

将保鲜膜按照底板的形状大小折起来，包裹肉馅。

3.

将另一个调理盘压上去，将肉馅压成厚度平均的肉片。

4.

肉馅薄片做好了，冷冻保存后即可随时取用。

※ 肉馅加热会膨胀，一片厚度会变为 7~8mm 左右。可按照个人喜好将多片肉馅薄片重叠使用。

鸡肉馅薄片的材料也能做鸡肉丸

做法

参照上一页鸡肉馅薄片的材料先做好肉馅。将锅中水烧开，再用汤勺舀一勺肉馅，轻轻放入锅内。等肉馅成丸飘起来再煮 30 秒，然后将肉丸捞起来放到厨房用纸上吸干水分。跟鸡肉馅薄片一样，提前制作冷冻保存，方便使用。

松软虾肉馅

虾仁和豆腐、山药、面筋、虾粉一起制作而成的松软虾肉馅，可做成炸大虾、虾肉焗烤通心粉、干炸虾仁。

想要做炸虾的时候就捏成大虾形状，做虾肉焗烤通心粉时就捏成小虾的形状。可以配合各种料理做成不同形状，十分方便。

这张照片是裹上面糊的松软虾肉馅。

材料

虾仁	75g
绢豆腐	15g
山药	15g
蛋黄酱	15g
鸡蛋（打散）	半颗量（30g）
面筋	6g
虾米	2g
米酒	2小勺
玉米淀粉	7g
盐	1小撮

●虾仁事先处理用料

盐	1/2小勺
玉米淀粉	1大勺
米酒	2小勺

事前准备

先将虾仁去虾线，再将虾仁、盐半小勺、米酒2小勺、玉米淀粉1大勺放入盆中后揉搓，直至灰色的脏东西出来后再放到滤网上，用清水冲洗干净。

将虾仁用厨房用纸擦干水分后切块。虾米用磨粉机打成粉。

将山药削皮磨成泥。

将除山药泥以外的食材全部放入食物料理机中打碎，确认无颗粒状后倒入山药泥拌匀即可。

※ 冷冻虾仁在解冻时水分和糖分也会流失，所以请选用冷冻带壳虾。

※ 磨成泥后的山药十分黏稠，不适合使用食物料理机，最后加入搅拌即可。

1.

将打好的肉馅放入裱花袋中。

3.

用微波炉加热后再用。注意不要加热过头，否则会变硬，大约7分熟就可以。需要冷冻保存的话，请放入冷冻专用袋。

2.

根据要做的料理，挤成合适的形状大小。

4.

这样就做成虾仁形状了。

白酱

使用黄油和牛奶做成的营养丰富的白酱是恢复体力的好食材。黏稠的酱汁易于吞咽，是方便易用的料理材料。

材料

无盐黄油 ································· 20g
低筋面粉 ································· 20g
牛奶 ······························· 200mL
盐 ··································· 2g

做法

平底锅烧热，放入黄油，待黄油融化后加热低筋面粉，不间断搅拌2分钟。

黄油与低筋面粉充分混合后表面会有细泡，炒至顺滑后倒入全部牛奶，用打蛋器搅拌均匀。转大火，锅中沸腾后转小火，加盐调整咸淡。

用铲子继续搅拌食材，炖煮2分钟后呈现浓稠状态即可。

※ 白酱的黄金比例——

　　黄油：低筋面粉：牛奶 =1：1：10

※ 保持白酱的洁白至关重要，搅拌时注意用铲子从平底锅底部翻拌，不要烧焦。

第七章

日日焦躁，屡屡失利

无人问津的护理餐现状

除了"爱"还有其他原动力

　　回想起来，我给明夫做护理餐的过程还算顺风顺水，简直令人难以置信。

　　我是全职家庭主妇，又没有孩子，可以把时间都花在明夫身上。而且，我是专业的料理师，有这方面的经验和知识。因此，虽然一开始有些辛苦，但是只要抓住了制作护理餐的诀窍，就能不断摸索出适应明夫口腔状态、简单省时的烹饪方法。

　　明夫赞不绝口，吃得很开心，那种喜悦难以言喻。

　　"好吃！"一起围坐在餐桌旁的时光，特别幸福。

　　如果我要工作，还要养育孩子，或是不擅长烹饪，或是年龄再大些，体力跟不上的话，大概就会因为步骤繁杂或没有时间，而根本无法琢磨那些食谱。想到这些，我就希望，我做的这些在家就可以轻松完成的护理餐食谱对于在家照顾病人的人们能有所帮助。

　　除此之外，推动自己前行的，还有在照顾明夫和制作护理餐的日子里感受到的无助与无奈。

第七章　无人问津的护理餐现状

　　2011 年，明夫在接受口底癌手术之前，又被查出得了食道癌。幸好食道癌只是早期，可以通过内窥镜手术切除。明夫决定先做口底癌手术，等体力恢复后，再做食道癌的内窥镜手术。

　　不过，医生说，如果食道癌加重，就难用内窥镜切除。不只是手术，以明夫的体力情况，其他的一系列治疗恐怕也都无法实施，所以必须在食道癌加重之前进行内窥镜切除手术。不吃饭的话体力就无法恢复，手术也没法做……

　　前面曾经提到，当我开始制作护理餐的时候，正处在当时这种绝望和迷茫之中。

　　面对眼前严峻的现实，我几乎被责任和压力压垮了，整日过着浑浑噩噩的日子。即使时间上得了宽裕，也没有那份从容与淡定。

　　而且，如前所述，刚开始制作护理餐的时候，向医院咨询一无所获，又找不到可供参考的食谱，市面上销售的袋装护理餐和外卖的流质餐都不合明夫的胃口……压根就找不到护理餐入门之类可供参考的资料和有用的东西。

　　我整天闷在厨房里，屡试屡败不得要领。没过多久，焦头烂额般的忙碌，使我开始感到绝望和愤怒。

　　我一定要救明夫！一定要！

但是，为什么，就这么难呢?

在这个超高龄化的社会里，我认为应该有更多有用的商品、信息和服务才对!

就在写这本书之前，我决定重新再调查一下，看看现在制作护理餐的环境和我开始制作护理餐的时候有何不同。

市面上依然不容易买到

所谓的护理食品(餐)是指预先煮软呈速食状，加热后直接上桌的方便食品。我开始做护理餐的时候，市面上销售两类袋状速食护理餐：符合日本护理食品协会标准的"通用设计食品"和符合消费者厅标准的"吞咽困难者专用食品"。

可是，根据农林水产省食料产业局的《护理食品现状》(2013年2月)的报告，市面上销售的护理食品八成都是专供护理机构或医院的，剩余的两成面向普通家庭销售，而且几乎都是网络销售，真正在地面店销售的品种非常少。当时即使我想购买，也很难在附近的商店里买到此类食品。

之后，2015年农林水产省发布的《微笑关怀护理食品》里

针对制造业者制定了指导方针，并开始招募参与者。

太及时了！国家认证的"护理食品"开始运作了。相信市面上一定会出现更多更好的护理食品，护理食品的尴尬局面一定会大大改观。我内心充满了期待。

可是，我打电话询问了自己附近的超市和药妆店等二十家店铺是否出售护理食品，结果只有邻区的三家店铺回答说有货。虽然可以网购，但多是五个一组或十二个一组的批量销售。味道如何不得而知，令批量购买的人心里没底，而且还要另付运费。令人遗憾的是，直到现在市面上依然难以购买到理想的护理食品，希望今后能有改观。

更重要的是味道问题

在明夫吞咽最困难的时期，一日三餐全部食材都要用搅拌机打碎，既费力又耗时，有时不得不去买市面上销售的护理食品来救急。不过，我一时粗心没尝尝味道就直接端上桌，明夫吃了一口，表情扭曲，满脸痛苦。

"啊！明夫对不起！先别吃了。"

我想让他吐出来，可他的下颚麻痹，一下子吐不出来，只能紧闭双眼忍耐着。每次回想起当时的场景我就感到难过。

将食材简单焯煮后磨碎制成的食品，为什么会做得如此难吃？我忍不住怒上心头。

必须打碎或磨碎来制作护理餐确实费时间，要是能在附近的超市里买到各种口味的护理餐，肯定会让在家制作护理餐变得轻松不少。市面上销售的护理餐本来就应该为照顾病人而服务。

这次，我从市面上买来十四种护理食品，还邀请了不太擅长烹饪的朋友来一起试吃。

果然，明夫吃过的那种蔬菜食品依旧还是那个老味道。

重新试吃，多数味道不合格

朋友吃了一口就瞠目结舌："这个……厨师有没有亲口尝一尝？"话虽如此，但并不是十四种护理食品的味道都不行。我觉得，其中有的真的可以作为护理餐的常备品。结果，我从十四种护理食品里选定了三种合格的，朋友则选出了六种。

对"好吃"的认知，因人而异，差距很大，这一点我当然理解，但是那些"不好吃"的护理餐味道的确不是一般的差，所以我才如此强调这个问题。

企业的研发人员当然不想存心做出让人难以下咽的食品。我想大概是被各种各样的严格规定限制住了。但是如果一种产品评价不好，就有可能损害到市面销售的所有护理食品的声誉。希望今后各家厂商都能改善自己产品的口味。

我还注意到，市面上销售的护理餐，每袋中能摄取的营养热量很低，价格却很高。

试吃的十四种护理餐平均含税价格为176日元，平均热量为68卡路里。如果每餐搭配三款再加上粥（150日元），每顿饭合计价格约为680日元，热量约为290卡路里。一日三餐下来，合计热量约为870卡路里。厚生劳动省《日本人饮食摄取标准2015年版》提到：70岁成年男性一天所需要的热量为2200卡路里。热量连所需的四成都不到，一个月的费用竟然高达6万日元之多。

日本国立长寿医疗研究中心于2012年针对居家疗养的老年人进行的调查结果显示：约有七成的老年人呈低营养趋势。在相互照顾的老人家庭，做饭成了很大负担，往往倾向于以简单的餐食来解决吃饭问题。正因如此，我才希望能就近买到营养丰富又价廉的护理食品。

护理餐食谱，应运而生！

我第一次制作护理餐是在2012年。当时，我先到自己生活圈内的书店寻找护理餐食谱。但是，无论在医院内设的书店，还是自家附近的书店，都没有找到适合明夫的食谱，网上购书又无法确认书的内容，最后也没找到合适的食谱书。

如今的网上书店食谱之类的书比当初多得惊人。上面还有购书者的留言："找到想要的书了。""知道里面有婆婆能吃的，太高兴了。"

不过，要在网上书店找到适合家人情况的护理餐食谱并不那么容易。即便目录上刊载的食谱种类很多，实际操作中因为食材的处理问题，也是会出现"食物咬不动，咽不下"的情况。希望网上书店也能想想办法，让读者在购书前能够充分确认护理餐食谱的目录和内容。

最近我去了几家书店，在中小规模的书店里，依然没有找到一本护理餐食谱之类的图书。"还是没有找到呀，为什么呢？"

"说不定在大型图书旗舰店里能够找到吧？"我的预感果然没错。在东京市中心的好几家大型书店里的医疗类书柜一角都摆着"护理餐食谱"。不仅如此，有的店里竟然陈列着五十四种护理餐食谱！真的让我心里又惊又喜！

我询问过一家图书旗舰店的采购负责人，得知，"近一年半以来，护理餐食谱类的书增加了不少。只是，那些中小书店由于店面所限，多以销售畅销书为主，所以目前很多店根本就不进这类书籍"。

我逐本翻阅了这些护理餐食谱，其中的内容令我眼界大开！啊！这样的话，明夫应该也能吃。我想让明夫尽早康复，但是那个时候不知道怎样才能做出符合明夫口味的饭菜，被逼得山穷水尽，如果当时有这本书就好了……

我的心情难以言表，像打翻了五味瓶，酸甜苦辣一起涌上心头，差一点泪流满面。

与此同时，我的心里浮现出一个念头，应该将这个信息尽快传达给那些迫切需要护理餐食谱的人："这里有了！"看着眼前琳琅满目的食谱，我又迟疑起来，究竟如何才能找到适合家人情况的书呢？食谱类图书价格不菲，有的一本高达两千日元。很多菜谱并非都能用得上，而护理病人往往忙得不可开交，难得有时间到书店精挑细选，就算试着买一本回家，仔细一读又不符合家人的情况，岂不可惜！

对了！那就去附近的图书馆看看吧。

照顾病人会很忙，也很难做到把病人放在家里自己出远门。如果在离家最近的图书馆里能借阅到护理餐食谱就比较方便了，确认内容不适合家人的情况还书即可，想仔细阅读的话，可以上网购买。

我登陆了可以检索日本全国六千多家公共图书馆藏书的网页。只要输入自己居住的地址，再搜索"护理餐食谱"，就能了解到自家附近图书馆里的护理餐食谱类书籍的藏书情况。原来网络这么方便呀！以前自己太孤陋寡闻了。我试着查询了一下得知，在东京目黑区全区的图书馆里共有三十三种护理餐食谱书，而爱知县的丰田市图书馆里有三十四种。这下完全可以放心了，按图索骥，再也不用跑到书店漫无目标地大海捞针了。

护理餐咨询窗口何处可寻？

护理餐的制作，首先要从食材的易嚼易咽开始。不过，不要以为只要长时间焯煮、切碎就行，其实这个步骤并非那么简单，实际做起来，不知道要煮多久才好，不知道要切到多细才好，让人大伤脑筋。对食材柔软、粗细的要求，会根据食用者身体和当天的状态而有所不同。而且，食材不同，所用的厨具也不同。芋类菜可以煮烂，叶类菜煮烂后还要用搅拌机搅碎。

此外还有其他要注意的要点。

比如做凉拌菠菜，就要把菠菜煮得较久，剁碎后勾芡。如果不勾芡，黏稠度不够，剁碎的食材就会在口中松散，很容易误入气管、肺部。一般情况下，勾芡用淀粉，既费时又费力。制作护理餐需要短时间内就能让食材变得黏稠的护理餐专用的"凝固粉"。这些制作护理餐所特有的技巧和注意事项，是只做普通家常菜的人不可能了解的。

与护理餐一样，还有一种跟普通餐不同的常见食品，就是"婴儿离乳餐"。在医院或书店里都能找到"离乳餐食谱"。我听说医院和社区的保健所很多都设立了能让经验不足的育儿妈妈相互交流的场所，或是能向专家咨询"如何调整离乳餐做法来适应婴儿的成长"之类问题的窗口。如果护理餐也能有这样的可以向医院或社区咨询的专门窗口就方便多了。

另外，我在本书的第三章曾提到，半岁大小婴儿的离乳餐，与护理餐的流质状态几乎相同。最近翻阅离乳餐食谱《第一次做离乳餐·5~8个月》的时候，我有了意外的收获。

这本离乳餐食谱写的内容，正是我所想要的流质餐资料！

随着宝宝成长，舌头、牙龈和消化功能的变化，以及当时能吃的食材形状，这本书都用照片或图示做了详细说明，一看就能明白："这个时候可以吃这种东西了"。开始制作护理餐的时候，我其实需要的就是这种资料。参考5~8个月的婴儿离乳餐食谱，只需将分量调整成成人用量，然后调出各种味道，即可大功告成。

选项丰富，忙里偷闲

针对不同食用者状态列出护理餐制作方法和注意事项等；忙不过来的时候可用于临时应急的高营养成品护理餐；一册在手就能查阅各种相关内容的书籍……我想，在我一个人苦思冥想、屡试屡败的当初，如果身边有这些可资参考的信息的话，也就不用经历那番"好事多磨"了。

这下我茅塞顿开！

"忙里偷闲"，正是我当时求之不得的。

我在厨房，明夫则孤单单地待在客厅。如果当时有闲空，我就能把更多的精力放在安慰明夫因病消沉的心情和恢复他的体力上。还会有更多的时间和明夫一起欢笑。

一整天都在厨房里孤军奋战的我，感觉如与世隔绝一般。和我一样，感到愤怒和不满的人应该不在少数吧。大家可能不知道该把这些愤怒发泄到哪里，每天都是在压抑着怒火艰难度日吧。

此次调查结果显示，虽然仍有些地方不够理想，但护理餐食谱书"在该有的地方能找得到，也能在图书馆借得到"。如果2012年时的明夫和我穿越到现在，我是不是能一帆风顺地做出护理餐呢？答案是否定的。我感觉，当前的信息以及各方面的支持其实还远远不够。

我希望有一个日趋完善的社会环境，能提供有用的信息、商品和广泛的社会支持，来帮助那些有意致力于制作家庭护理餐的人们，"用美食来恢复元气，带来生活的力量"。

幸运的是，当时明夫吃了我做的护理餐，体重增加了七公斤，恢复到了原来的体重，体力也随之恢复。在之后的检查中，发现他的食道癌没有加重。当听到医生说可以做内窥镜手术的时候，我两腿无力瘫坐在医院的长椅上，失声大哭。

就这样，明夫在接受口底癌手术之后，食道癌内窥镜手术也顺利完成。四个月后，明夫终于回到了工作岗位。

第八章

老公重返职场！享受爱的"流食便当"

生活的力量源于"美食"

像新入职一样重返职场

继口底癌手术后，明夫果断地接受了食道癌手术。经过四个多月的家庭疗养之后，他终于如愿以偿地回到了工作岗位。

上班的那天早上，好久没穿西装的明夫，神情像新职员一样，带着些许的紧张和期待，双目炯炯有神，脸上神采飞扬。回到家的时候还意犹未尽，就像一个把学校的快乐带回家的孩子一样。看得出，他和同事们肯定相处得相当开心。

明夫口腔手术的创口逐渐愈合，加上每天的口腔康复训练，他的咀嚼能力逐渐增强，吃饭也不像当初那样困难，但是还不能吃正常的煮饭。只能喝全粥（米水比例为一比五）。

对于明夫重返职场，我最担心的是午饭问题。

因为他吃饭很费时间，还要一边看着镜子一边吃饭，所以不便跟同事们一起出去用餐。在明夫的要求下，我给明夫带了我亲手做的流食便当。

上班族的午休时间是有限的，不能像在家里那样慢慢地吃。我就尽量从明夫最爱吃的饭菜中选择在短时间内很快就能吃完的食材来做。

比如，主菜有两样：奶油炖三文鱼和炖牛肉。三文鱼脂肪多，鱼肉鲜嫩;炖牛肉是炖烂之后用搅拌机粗粗搅碎的。三样蔬菜是胡萝卜慕斯、西兰花拌鳕鱼子蛋黄酱、凉拌菠菜。搭配的小菜是腌海胆泥和海苔酱。甜点是番茄和橘子的果冻。再配上全粥。

将主菜和粥放入可用微波加热的小盒子里。因为明夫不习惯使用微波炉，我就为他分别贴上了标签，标明加热所需要的时间。

就这样，明夫开始每天都带流食便当上班了。可一想到他在我看不到的地方吃饭，我就忧心忡忡。有没有好好加热？吃起来好不好吃？会不会觉得不好意思？我简直就成了一个老妈子。

不过，这一切都是杞人忧天。

"久理子做的流食便当乃全世界第一好吃之物!我真是太幸福了！"

明夫给我发来了开心的邮件。同事们惊讶地说："咦？流食也能做成便当？"也有人说："哇！真了不起。真的很好吃，简直比外卖的便当都好吃。"这些话，激励了我。为了明夫，再接再厉!

久违了，白米饭！真好吃！

明夫接受口底癌手术后整整过去了五个月，我们朝思暮想的"就像玩具一样的假牙"终于做好了。"久理子做白米饭吧！"从电话里听得出明夫心中难掩兴奋与喜悦。

手术之后，我们为明夫找牙医装义齿着实费了不少劲。通过熟人找了好几位牙医，人家都异口同声地拒绝："太难了！没办法。"让我们顿感万念俱灰。

不过，神并没有抛弃我们。

尽管心灰意冷，我们仍然继续坚持寻找。功夫不负有心人！有一天，我们遇到了一位齿科大学医院高龄者齿科的医生。他对我们说："虽然很困难，但我们会竭尽全力。"正像他说的那样，这位医生给明夫做了第一副假牙，后来又做了第二副。如果不是遇上这位医生，那之后明夫也不可能恢复得那么迅速。可以说，他是我们一辈子感激不尽的恩人。

如愿装上假牙那天的晚餐上，我把正常煮好的米饭端到了满怀期待的明夫面前。看见时隔五个月的米饭，明夫的眼睛闪闪发亮。

吃了一口，他便欢叫起来："真好吃！"接着一口气吃了个精光。他真的全吃光了！这顿晚餐值得纪念，明夫终于可以告别每天只能喝粥的日子。虽然只是试做的假牙，肯定无法充分咀嚼，但是米饭的口感和香喷喷的味道，还是让明夫露出了心满意足的笑容。

炖牛舌，还有虾仁焗烤通心粉？吃不下吧？！

戴上假牙后，第一次尝试在外面吃饭的那一天，充满期待与兴奋的明夫在一家有名的西餐厅门前停下了脚步。

他紧盯着店门前那块写着"炖牛舌和虾仁焗烤通心粉套餐"的招牌，眼睛为之一亮！

"不行呀，不管怎么说那都不行吧。肉太厚，虾又有弹性，现在的明夫肯定吃不下！"

但是明夫的眼神里满怀热望，让我欲言又止。他那渴望的心情促使我痛下决心："管他呢！反正试试总比不试强。哪怕只吃酱汁也值了！"于是，我和明夫鼓足勇气走进店里。

看着垂涎欲滴的明夫，想象着他想吃又吃不进去的沮丧模样，我的心里忐忑不安，几乎快要哭出来。等热气腾腾的牛舌

和虾仁焗烤通心粉端到面前的时候，我俩的紧张心情也达到了最高点。我的心"扑通扑通"都要跳出来了。

明夫把牛舌切成小块，送入口中，然后两眼直勾勾地望着我，说了声"好吃，嗯，真好吃！"之后就不再言语，风卷残云一般不停地吃着炖牛舌。酱汁非常好吃，牛舌又柔嫩，明夫一口气吃下了三碗饭！除了虾仁剩下外，其余的统统一扫而光！

既然能吃炖牛舌，其他的各种饭菜应该也都不成问题。我一下子来了精神。

接下来该给明夫做些什么呢？

我开始尝试着将明夫最爱吃的饭菜做成护理餐。

第一个目标就是"炸虾"。

炸虾之所以美味，就在于那种柔韧的嚼劲。我知道明夫嚼不了，只好放弃这种柔韧的口感。

于是我先将柔韧的虾仁搅成虾泥，再掺入用虾干磨成的"提鲜虾味魔法粉"，做成虾的形状，裹上细面包粉后下锅油炸。

"咦？这是……炸虾？"明夫惊讶地问道。

"这是我自创的炸虾。里面是虾肉馅，尝尝吧。"

"噢！好吃！软软的。"

明夫将炸虾蘸满他最喜欢吃的番茄酱，开心地吃起来。成功啦！

以假乱真又美味可口的炸虾!
酥松的大虾是用虾肉馅做的。

"松软的炸虾肉馅"就像风味小吃一般,其味之美回味无穷。久理子太棒了！我忍不住自卖自夸起来。

接下来我又趁势挑战做起了"焗烤虾肉通心粉",这道菜是我们家冬季常吃的一道菜。

将炸虾用的那种虾肉馅做成虾仁的形状,再将煮烂的通心粉切成一厘米长短,加上白酱后送入烤箱就做成了"香软虾泥焗烤通心粉"。明夫很喜欢这道菜。有好几次我先做好冷冻起来,随用随烤,甚是方便。

我又想起明夫以前喜欢吃我做的炸鸡排,于是决定挑战炸猪排！将猪肉馅做成的薄片重叠起来,裹上细面包粉然后油炸,就成了"香软肉馅猪排"。

咦？炸猪排？这也是护理餐？我一定让明夫吃上他喜欢的炸货和肉品！

这道炸猪排酥软得能用筷子夹断，让我不由得想起"舞泉炸猪排"家的猪排三明治。实际上将这道炸猪排做成三明治也很好吃。

尽管明夫装上了假牙，但上班时的午休时间有限，午餐还是以流质便当为主。若是上午要去医院复诊的日子，就不用吃流质便当了。明夫会独自在外面吃午饭。

每到那种日子，我都为明夫的午饭担心。明夫一进家门，我劈头就问："午餐吃的什么？"明夫便调皮地笑着说："你猜？"真是太可爱了。

完全想象不到，我回答不出来。明夫学着《水户黄门》戏里的唱段："你来看呐……这是何物？"猛然一个亮相，把手机推到我眼前。他满脸得意。出乎意料，手机画面上出现的竟然是拉面！

我仔细查看手机里的照片，竟然还有吃光拉面连汤汁都喝得精光的空碗！绝对没想到，明夫现在能吃拉面，我又惊又喜，嘴里不停地念叨着："嗯？嗯？我不信。"

明夫的下颚麻痹，无法将面条吸食到口中。我想他大概是一小口一小口用汤匙送入口中，慢慢吃下去的。也可能时间一长拉面吸汤胀软了容易吃下。

不过，当看到照片里碗底剩下的叉烧时，我的心里一阵难过。他还是没法吃叉烧，只咬得动搅碎后又勾芡的肉。明夫一定很想吃，那是他的最爱……

吃得下才能活得好

也有过这样的日子。

"今天我突然馋汉堡了，就在餐厅找了个角落，美美地吃了一顿。太解馋了。"

"嗯？真的吗？"

八成他在说谎，我心里将信将疑："你不是咬不动面包吗？你是怎么吃下去的？"面包干干巴巴的，切成小块都不好吃，他居然能吃汉堡，真是让我难以置信。

明夫说，他两手使劲将汉堡压扁，然后一口一口送到嘴里慢慢吃下去。我想，大概是压扁之后食材里的水分渗入面包里，所以才容易吃下去吧。虽然每吃一口都照着镜子，吃完也是相当费劲，但是明夫脸上洋溢着满足的神情。

想象他当时吃饭的样子，我的心在流泪。

不管怎样，明夫自从装上假牙之后，他能吃的东西的确增加了不少。从前只能想不能吃的食物，也都一个个被他的食欲征服了。这是让我感到十分欣慰的。

吃得下才能活得好。能吃下想吃的东西所带来的喜悦，对明夫来说就能够获得生存的希望。对未来的期待，让明夫变得神采奕奕，活力四射。

关于"理想的护理餐和未来的发展模式"

之前我反复强调，当前的居家护理缺乏来自社会的必要的信息和服务支持，希望全社会能提供更多的选择。现在介绍一下我关于"理想的护理餐和未来的发展模式"的想法和建议。

一、超市和便利店有"软食便当"和"软食蔬菜"销售

在普通便当的旁边能有多种多样贴着"软食"或"超软食"标签的便当，供咀嚼吞咽功能较弱的顾客选择。提供更多方便咀嚼和吞咽的蔬菜。提供更多小包装的成品盒装软食菜品，或者自选称重的软食品种。每天更换菜品品种，让顾客有更多的选择。

二、提供"冷冻护理餐食材"和"冷冻护理餐便当"

在超市和便利店的冷冻区也能买到各种各样的"方便装冷冻蔬菜泥"，鸡肉、牛肉和猪肉的"松软肉馅薄片"和"松软虾肉馅"。当然，都要附上食谱。而且，还要有用微波炉加热即食的"软食"和"超软食"冷冻护理餐便当。

三、餐厅有"软食食谱"，街上有"软食食堂"

希望餐馆能有"软食食谱"，提供"软食""超软食""极软食"（流食餐）料理。"极软食"料理外观不要呈流食状，要能摆盘。街上有只提供"软食"的"软食食堂"。

我发现家常菜和护理餐之间其实没有障碍，造成障碍的是自己心理在作怪，不禁心想，为什么外食的菜单上看不到护理餐？为什么就不能在超市或便利店里像买到普通便菜那样买到"软食便当"和"软食蔬菜"呢？

每当我看到在超市或便利店购买便当的老年人时，总会担心："那便当里的凉拌菠菜嚼得动吗？会不会因为咬不动就剩下呢？"即使那些眼下还不需要别人护理的健康老人，不少人可能也需要吃些软嫩易嚼的东西吧。要是柜台上摆着"软食蔬菜""软食便当"，他们肯定乐于购买吧。

随着社会老龄化程度的加剧，餐馆也应相应地提供"软食菜谱"供需要者挑选自己想吃的菜品，相信一定会受到欢迎。

四、食物应带来"生活的希望"

至今我还记得明夫看到我做的菜品时又惊又喜的表情："哇！看起来真好吃！"我想，这是他因病压抑的情绪终得释放而迸发出的激情吧。

明夫期待与喜悦的表情，以及在我的照料下逐渐恢复活力的样子，使我更加深信"食乃生存之本"的道理。吃得美味可以养气、养心、养身。另外，我也意识到，如果可以用美食唤起食欲，那不就和"生活的希望"联系在一起了吗？

五、食欲是"活着的欲望"

我认为，无论是家庭，还是食品企业、餐饮业、超市和便利店等行业，如果都能站在被护理者的立场上，努力提供"让人吮指回味的护理餐"，就会使超高龄社会的未来更加光明。因为，食欲是"活着的欲望"，美食是"活着的乐趣"。

希望在不久的将来可以看到各种各样的选择：在家制作护理餐，在超市和便利店能够买到护理餐，在餐馆里能够吃到护理餐。依照日本食品行业的技术水平和开发能力，这并非难事。

2017年2月，牛肉盖饭的巨头吉野家计划开发牛肉盖饭护理餐的消息不胫而走，我闻之又惊又喜。但是后来发现他们开发的牛肉盖饭是面向护理养老机构提供的特制商品。虽然已经有食品商家将蔬菜泥进行了商品化包装，但也只是供应于专业机构，个人无法购买。针对居家护理和面向居家高龄者的服务，虽然也有便当形式的"护理配餐上门服务"，但是价格比较高，而且不能随心所欲地选择菜品。目前居家护理的用餐，基本上还是"家人包办""当事者包办"，有针对性地满足个性化需求的服务和商品还是相当欠缺。

第八章　生活的力量源于"美食"

　　希望大家想象一下，当自己年迈，咀嚼能力变弱，如果还能幸福地选择各种美味的餐点，未来每一天还能吃得美味，不觉得相当开心吗？

第九章

还剩四个月，还去上班吗？

爱工作，爱伙伴；爱美食，更爱妻子！

一帆风顺，努力工作，但是……

明夫终于回到了朝思暮想的工作岗位，逐渐恢复了原来的工作节奏，真是如鱼得水。我每天看到明夫生龙活虎的样子，觉得他愈发踏实可信。明夫果然还是喜欢工作呀。

看着开心工作的明夫，我也满心欢喜。

明夫由于装上了假牙，咀嚼能力增强，吃起饭来随心所欲，食欲也随之大增。看着他吃着自己喜欢的美食，对自己喜欢的工作充满干劲的样子，我确实感觉到他的状态日渐恢复，一切走向正轨，悬着的心也就放下了。

然而，一个月后的一天，明夫突然说自己身体不舒服，没有食欲。他的癌症复发了。

医生语气平静地宣布了明夫剩下的时间：

他的人生只剩下四个月了……

当时我和明夫的往来邮件是这样写的：

***

给明夫的信：

我永远跟明夫在一起。咱俩一起加油吧。我爱你！久理子

明夫的回信：

嗯嗯！

***

我想，明夫的心里肯定也是七上八下。短短的"嗯嗯"两个字让我思绪万千。这不仅是他让自己振作的激励，也是在对我说："拜托你了，久理子！"一瞬间，两个人下定了迎接新挑战的决心。

明夫没有放弃上班

当人知道自己的生命来日无多，心里会想些什么，又会怎样度过剩下的日子呢？

就在我们为他的身体日渐恢复而高兴的时候，医生的宣告无论对明夫还是对我无疑是晴天霹雳，让人难以置信，也不愿

相信。

然而，残酷的现实摆在面前。

明夫和我并没有陷入绝望，而是把希望寄托在免疫细胞疗法上。明夫办理了住院手续，住进了安宁疗养病房。

明夫得知医生的诊断之后，并没有停止工作。

癌细胞病魔摧毁了明夫的身体，平常只要十分钟就能走到车站，现在要花上一个小时，而且还要在途中休息七八次。我让他搭出租车，他也不听。他的行动如此吃力，为什么还要这样做呢？我想，或许是明夫想尽可能多闻一闻空气中草木的清香，尽可能多看一眼自己家附近熟悉的街景吧。

此后，明夫的身体每况愈下，公司分配给他的工作也减少了许多。即便如此，明夫无论做什么工作都会开开心心地尽心尽力去完成。

"同事们对我都很和善，工作气氛真的很温馨。而我呢，已经心有余而力不足，他们却没有一个人嫌弃我，让我继续在公司工作。"听了这番话，我不禁泪湿双眼。

如果说食欲是"活着的欲望"，那么工作就是"活着的食粮"。

这并非是指为了生存而拼命赚钱。

工作是人与社会重要的沟通方式，自己对他人、公司、社会，或对某人或某件事有所帮助带来的喜悦也就在于此吧。虽然工作上力不从心，但因为看见了自己生命的终点，所以明夫并没有放弃上班，以保持人生最后的存在感。

我走了之后，请照顾好我的妻子

明夫亲自策划了一场与朋友们的告别会，和自己的儿时伙伴、大学时代的朋友以及公司的同事一起聚餐，享受和朋友们一起畅谈的快乐时光。

"我走了之后，请照顾好我的妻子。"明夫与朋友们道别时说。明夫应该是不想让一直关心他的病情，不断支持他康复的朋友们看见自己流泪，才一如往常一样，谈笑风生，毫无伤感，轻松爽快地与朋友们话别。

在告别会上，明夫吃得很开心。鳗鱼饭、寿司、涮锅……他选的是一家自己早已心仪的餐馆，几乎把店里的饭菜尝了个遍。他还带着我，和一对要好的夫妻朋友一起去了之前就很想去吃的那家专门做豆腐宴的餐馆。尽情品尝了各种各样的豆腐料理，明夫心满意足："好吃，终于来了一直想来的店。"

对了，我和明夫还一起去了一家有名的咖啡连锁店，明夫点了一份牛油果热狗。他用双手使劲把热狗压扁，费了好长时间才吃完，弄得嘴巴四周和两只手都被牛油果染成了绿色。

他就像孩子一样，可爱极了。

噢，之前明夫说自己吃汉堡的事果然是真的。想起明夫津津有味吃汉堡的样子，我心里悲喜交加，五味杂陈。

明夫最后一次享受的外食是鳗鱼盖饭。

医生要求明夫必须绝对静养不准上班后，明夫告诉我："公司附近有一家餐馆的海鲜盖饭很好吃，说什么也要让久理子去尝一尝。"于是，明夫坐着轮椅带我去了。

我吃的是海鲜盖饭，明夫吃的是鳗鱼盖饭。我和明夫都是美食家，只要出门吃饭的时候，都是各自点不同的菜，这样就可以共同分享，享受两种不同的饭菜。

这次当然也不例外，我们两人共同吃了海鲜盖饭和鳗鱼盖饭。当我说"好吃"的时候，明夫洋洋得意地笑着说："我说得没错吧。"

一出店门，明夫的公司近在眼前。我原本打算吃完饭直接搭出租车回家，毕竟医生嘱咐要绝对静养，实在不能再增加明夫身体的负担了。可是，明夫提出："我想去公司拿桌子里的东西。"

……难道他是想去公司才拿海鲜盖饭当借口？上当了！

看到明夫铁了心想去公司，我拗不过，只好约定只能待一会儿，就陪着明夫去了公司。

一看到明夫，整层楼的同事都聚拢过来，围住了明夫的轮椅，竞相跟他打招呼。明夫笑逐颜开，喜悦的心情难以表述。他是多么热爱自己的工作呀！

明夫说得千真万确，能被这么多热情善良的人们包围着，真是太幸福了。我也觉得很开心。陪他来公司真是太好了。虽然有些同事因为知道明夫已经来日无多，流下了眼泪，但明夫还是跟大家有说有笑。这时候，我这才恍然大悟,明夫真的很想跟自己挚爱的同事们见个面，打个招呼。

最重要的最后希望

在那之后，明夫瞒着我买了智能手机和数码音响当礼物送给我。他甚至买了超过自己生存期限的演唱会门票，足以表明他没有放弃生的希望。

听到明夫说想和我一起去一直梦想的威尼斯旅行时，虽然我很惊讶，但心里很高兴，我知道这是明夫煞费苦心想给我留下最后的美好回忆。

为了逗我开心，明夫配合着手机里的乐曲，轻轻摇摆着双臂，踏着音乐节奏跳了起来。他的一举一动真是太可爱了！

"给你，久理子。"

明夫突然掏出一个白色的小盒子放在桌上。那是一台iPod，是他背着我给我买的礼物，而且背面还刻着："Kuriko love from Akio（明夫爱久理子——译者注）2012.10"。他什么时候准备的，我竟然一无所知！

回想起最近这段时间，我明白了，明夫一直抱着"活到最后一刻"的强烈愿望和意志，做好了迎接生命终点的精神准备，竭尽全力把爱留给我。

明夫默默地小声对我说：

"不能出门也没关系，能这样平平淡淡地活着就好了！"

他像是在对我轻声絮语：只要能够和久理子安安静静待在一起，其他的什么都不需要。刹那间，一股暖流涌上心头，我顿觉欢欣不已。如果两个人能永远这样下去该多好啊！就跟当初我说"外面下雨了，今天就干脆请假吧"一样，真想和明夫宅在家里待上一整天……

"我已经无法再呵护你了，以后你要认认真真地活下去！"

我的心里难受极了。

尽管如此,因为明夫从未放弃生存的希望和乐趣,他给了我勇气,所以无论多么艰难,我都要在他身边守护着他。

看着明夫与病魔抗争的样子,看着他度过生命最后时刻,我也明白了,人活着最重要的就是拥有对生活的希望。

你会知道,我是多么爱你!

一天晚上,明夫静静地听着美国爵士乐钢琴家塞隆尼斯·蒙克的《倒霉蛋之歌》,突然开始流泪,说道:"我知道,我的人生就像这首曲子一样。"

"这首歌的歌词听起来事事不如意,悲观自虐……要是不去想那些大起大落,可以说我的人生也不是那么糟糕……我其实很幸福。"

明夫自言自语,感慨万千。

这些话应该是他回顾自己人生的感悟吧。当听到他说"很幸福",我喜极而泣!在明夫身旁,我也时时处处感受着莫大的幸福。

第九章　爱工作，爱伙伴；爱美食，更爱妻子！

食乃为生。

和家人围坐在餐桌旁，笑容满面，口称"好吃"……每天为家人做饭忙碌，一幕幕看似平淡无奇的场景，真的是价值无限。

明夫让我明白，为心爱的人做饭究竟有多幸福。我打心底感谢上苍能让我与他共享这些美好时光，并使我走上了专业的料理制作这条道路。无论什么饭菜，只要和明夫在一起就变得好吃好几倍。明夫留给我的很多美味的回忆是我的人生财富。

每天为明夫做的护理餐充满了生活的希望，每一道菜都让我感觉相当珍贵。

明夫已经离开四年半了……

所有美味的回忆都与"明夫料理"分不开。

我希望，那些明夫吃过并连连夸赞"好吃"的每一道饭菜，以及很想让明夫吃吃看的新品"明夫料理"，能够帮助现在正为制作护理餐而困扰不已的朋友们。这就是我开始这项行动的初衷。当我陷入迷惘，烦恼不已的时候，总感觉明夫在背后推着我说，"只要照久理子想的做就可以了"。

在明夫弥留之际，他紧紧地盯着我的眼睛，满脸认真，郑重其事地说：

"我走了，你就会知道我有多么爱你。"

当时，我困惑不已："这一点，在这一瞬间我都能深深地感受到，你怎么会觉得我不知道呢？"我没有作答。不过，现在我全明白了。因为明夫的离开给我带来了相当大的丧失感，是我人生中一次巨大的打击。每当想起他，我就沉浸在悲伤的怀念之中，我就更深刻地感受到明夫的爱是多么的博大，多么的深沉。

……罢了，罢了！但我还是要说！

"我更爱明夫！！"我要在这里大声地说出来。

第十章

"全新家常菜"做法

"希望之餐"入门

*

　　虽然现在我可以摆出胜利者的姿态说："做护理餐其乐无穷！"但是开始的时候却是一头雾水，摸不着头脑。制作护理餐跟普通的家常菜不同，有一些必须了解的烹饪方法和注意事项。当初我摸索这些规律着实费了九牛二虎之力。

　　反过来说，只要掌握了这些，然后照着去做，同时根据家人的状态调整饭菜的做法就可以了。

　　本章里，我把自己在实践中摸索出来的"护理餐制作的基本方法和注意事项"详细介绍给诸位。

*

最初的困惑：究竟煮到多软才好？

开始做明夫的饭了！我胸有成竹地站在厨房，往锅里放水，点火，加入乌冬面……突然停了下来。

"嗯？到底要煮多久才好？"

提起护理餐，首先浮出脑海的是"柔软""易咀嚼""易吞咽"。可是，面和饭（粥）究竟该煮到多软，明夫才能咀嚼吞咽下去？蔬菜要切到多细才好？这些都一无所知。

所以，在开始烹饪之前，首先我要知道明夫能吃得动、吞得下的食物是什么状态。

我回忆起明夫住院时吃的医院餐，于是我照猫画虎做了同样的饭菜，观察明夫吃的反应。我也吃同样的饭菜，亲口体验，反复尝试合适的柔软程度。于是，我了解到："不只是柔软，食材的大小也会影响明夫的吞咽"。明夫吃的食物基本上得要柔软到不用牙齿，而是用舌头顶着上颚压碎食物的程度。如果是有纤维的蔬菜，就得根据不同的食材打碎成不用咀嚼，能直接吞咽的程度。

注意事项

在前面曾说过，护理餐因进食者的状态不同，烹饪方法也要随之改变。其实最初就是查找食谱也无法搞清楚什么状态下的人应该吃什么样的饭菜，结论往往成了："这不适合我家""这种菜他吃不了""即使做了也根本吃不下"。

本书的内容是我在制作护理餐的过程中实际尝试过的烹饪方法，配合明夫手术后逐渐恢复的口腔状态。主要内容包括"不需咀嚼就能吞咽的流质食品""略微保留食物形状，又能用舌头和上颚顶碎咽下的食物"这一类的食谱。

这些食物的烹饪方法，可以参见第180页的《咀嚼吞咽能力和食物形状对照表》中"D栏：不需咀嚼就能吞咽的流质食品"以及"C栏：能用舌头和上颚顶碎吞咽的食物"。敬请各位参考。

话虽如此，做起来并不那么简单。

因为我根本就不知道食材究竟该煮多久，要打得多碎才是标准。这些只能根据食材一一尝试。

就算按照乌冬面的包装上建议的时间延长一倍时间煮还是不够软。无奈之下，只好一边煮一边确认口感。煮到适合明夫的口感，需要煮二十七分钟。当然需要加入的配料也同样要试吃以确认柔软程度。光煮乌冬面就相当费工夫。

另外，每天还要根据明夫的口腔手术创口的恢复状态进行调整。有些人随着年龄的增加，口腔和下颚肌肉的咀嚼动作会随之衰退，能吃的东西也随之改变。

从咀嚼吞咽状况，
探索合适的食品的形状和烹饪方法

我在讲述明夫的故事时用词直截了当，但是在介绍烹饪基础知识的时候，用词则比较考究，这是为了让诸位能轻轻松松地掌握。

当初，我对明夫的咀嚼吞咽状态与他能吃的食物形状不一致感到非常不解。经过不断尝试，我终于整理成一套《咀嚼吞咽能力和食物形状对照表》（参见第180页），希望能够给更多的朋友提供参考。

我把与咀嚼吞咽状态相适合的食物状态以及烹饪方法整理成表格。首先，请先从表格的A至F栏找出食用者的咀嚼状态，然后，确认表格上食材的颗粒大小形状以及相应的烹饪方法，就能大致了解该如何烹饪了。

要让食材变软就要"加热"；要便于咀嚼就要"切碎"；要再进一步便于咀嚼吞咽则必须"用搅拌机打碎或压碎"。只要记住这三点，如果发现表格中处于"C和D之间"的状态，就知道要煮得比平时更软一点，切成5cm到7cm左右，根据不同的食材还可能需要用搅拌机将其打成稀糊状以易于吞咽。

如果食用者的咀嚼吞咽状态符合食物形状表中的A、B、C，就需要延长加热时间，将食物炖烂切碎，减少咀嚼次数，这样就更容易吃得下。

如果出现"以前能吃的剩了"或"饭量骤减"的情况，可能需要调整烹饪方法，把食材做得更容易咀嚼吞咽。这时候，也可以参照表格试一试"将C调整为D"。

一开始可能不太顺利，但这也是理所当然的事。如果多加"试做""自己尝一下确认柔软程度""观察一下食用者的状态"，掌握家人能吃的食品状态"符合B还是C"就更好了。还有务必要注意的一点是，食材切得越细，也越容易在嘴里散开，可能会造成"误咽"。请读者务必参阅第十一章中介绍的关于护理餐需要注意的事项。

咀嚼吞咽能力和食物形状对照表

	咀嚼能力	吞咽能力	形状	状态
A	能正常咀嚼	能正常吞咽	易咀嚼的形状	与普通食物大小相同
B	咬不动太硬或太大的食物	根据食物不同，可能难以吞咽	能用牙龈压碎的形状	颗粒大小约为1.0mm至1.5mm
C	只要够细够软就咬得动	有时会吞不下水和茶等清爽的饮料	能用舌头和上颚压碎吞咽的形状	颗粒大小约为5mm至7mm
D	咬不动小的固体食物	吞不下水或茶	不需咀嚼就能吞咽的形状	流质状
E	黏稠的食物容易粘在口腔黏膜上，不易咀嚼	吞不下水或茶	更易顺利吞下的状态	流质状
F	咬不动	有点颗粒就吞不下去	无颗粒，更易顺利吞下的状态	更加顺滑的果冻状

食品外观与烹饪方法

食品外观	烹饪方法	
	比正常餐加热时间延长至煮软	
	比正常餐加热时间延长至煮软后，切成细段，减少咀嚼次数	为了不让食物在口中散落，不需勾芡
	比正常餐加热时间延长至煮软后，切得比B项再细些。	为了不让食物在口中散落，不需勾芡。
	比正常餐加热时间延长，再用搅拌机打碎成泥状	做成慕斯状，加入鲜牛奶或油脂，增加顺滑感
	将流质状食物拌入果冻凝固粉（※1）做成果冻状。	※1：果冻凝固粉（护理餐用勾芡剂）是与食品混合后就能在短时间内使食物变成果冻状的粉末。
	在不含蛋白质且无颗粒的液体（※2）中加入果冻凝固粉，做成果冻状。	※2：水、葡萄等水果的果汁。

护理餐需要的食品形状与烹饪方法

我们将口中的食物吞咽之前，会经过：

1.咀嚼咬碎；

2.与唾液混合；

3.咀嚼到适合吞咽的块状，这些块状食物被称作"食团"。

食品形状	烹饪重点	烹饪方法
容易咀嚼	减少咀嚼次数	加热炖煮至柔软 切成碎块 磨碎成果冻状
容易吞咽	使食物顺滑	勾芡，以易于吞咽 磨碎成果冻状
容易形成食团	使食物不易散落	使用果冻凝固粉（护理餐专用凝固剂）使食物不易散落

煮烂食物，用工具搅碎使其易吞咽
打碎薯类，用搅拌机搅碎绿叶蔬菜

刚出院的明夫终于可以喝全粥（水和米的比例为一比五）了。他几乎无法吃下保留原状的食物，蔬菜类的要煮得稀烂，尽量磨碎到没有半点颗粒为止，或是磨碎之后做成果冻状。

因此，借助工具和熟练掌握操作方法至关重要。

土豆、红薯和南瓜之类的都要煮熟之后捣碎，用叉子背和木铲捣碎即可，如果用专门打土豆泥的捣碎器就更好了。菠菜、油菜、卷心菜和西蓝花之类的绿叶蔬菜则要煮熟后用搅拌机或料理机粉碎。

虽然搅拌机和料理机家里都有，但是操作起来并不是很熟练。说实话，要想熟练操作，也不是件容易的事。不过，用工具总比手工操作省力得多。因此熟练掌握工具的操作方法能够达到省时省力的目的。特别是第180页的"对照表"中D栏的情况一定需要这些工具。可以将食材提前磨碎做成泥状，冷冻保存起来，之后就可以用于快速烹饪（参见第121页）。

如果加入的水量不足，搅拌机就无法正常搅拌。水量不足机器就会空转。食材不同需要的水量也不同，把握适量水量也是关键的一环。在尝试阶段，我也犹豫过是否需要一次性大量制作，最后还是改用少量的食材搅拌，结果出现了机器空转。经验积累多了，就能根据蔬菜的种类，自己判断应该使用搅拌机还是使用搅拌棒。

比如，纤维极细的胡萝卜用搅拌机就能搅成泥状，但西蓝花如果用搅拌机不仅容易空转，而且花蕾部分会散碎成小块，刀刃很难将其切碎，会留下颗粒，这时要使用手持式的搅拌棒，抵住食材将其磨碎。使用搅拌棒的时候，添水也不用一次次打开盖子，少了一个步骤。

第十一章

谨防误咽

制作护理餐，请多加注意！

小心"误咽"和"窒息"

制作护理餐最需要注意的是避免"误咽"和"窒息"。

误咽是指原本应该通过食道进入胃里的食物，意外地从气管进入到肺里。

我们平常所吃的食物中附着许多肉眼看不见的细菌，但之所以平安无事，是因为只要进入胃里，大多数细菌就会被胃酸杀灭。然而，如果食物进入肺里，就有可能会引起肺炎等严重后果。

另外，如果食物阻塞呼吸道造成窒息，就可能危及生命。

健康人如果不慎将食物等异物误入气管，通常会感觉被呛，然后将异物吐出即可。

可是，如果生病造成肌肉麻痹或因高龄导致嘴巴周围的肌肉衰退，可能就无法自己将异物吐出来，这就是造成误咽和窒息的常见原因。

日常的饭菜，竟然导致最糟的后果！

我最初了解误咽的时候，被惊得目瞪口呆，完全没想到"为了康复增加营养的饭菜竟然会引来最糟的后果"。

幸好在吃护理餐时，明夫从来没有发生给过噎着或疑似误咽的情况。在吃我为他煮好的蘑菇和芋头时，他曾对我说："吃起来滑滑溜溜的，吃到嘴里不知不觉就滑下去了。"后来，我才知道表面光滑的食物容易误入咽喉，极易造成窒息，想到这里，我的心里不禁一阵冰凉。

另外，明夫下颚麻痹，即使在下颚牙龈周围残留着食物，明夫本人也感觉不到。像这样没有咽下而残留在嘴里的食物也有可能引发误咽，因此保持口腔清洁的饭后口腔护理是非常有必要的。

我总结出了护理餐需要的食物形状与烹饪方法（参见第182页），以及容易造成误咽的食材的六大特征（参见第192页）。

很多食物看上去易吞咽，但也很危险。例如，茶水和汤汁之类清爽的液体，不用咀嚼就能咽下去。其实，这种清爽容易使人麻痹大意。因为茶汤瞬间就能从口腔滑入喉咙，所以极易造成误咽。

像萝卜炖菜、水果罐头等富含水分的固体食材千万要注意。

因为水分会很快地流入咽喉，引起反射性吞咽的同时还要嚼碎固体食物。

切成薄片的黄瓜看起来很容易嚼，但正因为它很薄，很容易粘在喉咙上，实际上很难咽下去，一旦堵塞气管，就有引起窒息的危险。

另外，肉末、豆渣等容易在嘴里散开的东西，醋拌凉菜等脆生的东西，以及那些大小和硬度都不整齐的东西要注意。我把这些"容易造成误咽的食材的六大特征"整理成表格（参见第192页），请务必仔细阅读。并且，如果知道了这些特征和导致容易误咽的原因，就容易评估出口腔肌肉衰退、吞咽能力减弱的人的口腔状况。

吃饭时说话是大忌

在给明夫做护理餐的过程中，有几件事被我称为"事件"。"糟糕的松坂牛事件"就是其中之一。

明夫装上假牙，能吃稍微有点形状的东西的时候，我就在超市一狠心买了一块价格不菲的松阪霜降牛肉，做了炖牛肉，端到明夫面前。为了方便他吃，还用搅拌机粗粗地搅了搅。

明夫吃一口："嗯，好吃!"和期待的一样。我在一旁满脸得意。

"今天从外面回来，在车站附近的超市，买了一块松坂霜降牛肉。霜降牛肉一定很柔嫩！是吧？"我情绪高亢，喋喋不休。明夫却神情冷漠！这是怎么回事？

"我嘴里的神经好像麻木了，咽不下了。"

原来是这样！明夫一边适应刚装进去的假牙，一边小心翼翼地咀嚼，慢慢地咽下去。因为下巴麻痹，必须要用舌头确认是否能咀嚼，是否已经达到可以吞咽的状态，所以吃一口也需要集中注意力。虽然我是为了让他轻松吃饭才跟他搭话的，其实这样反而打扰了正在吃饭的明夫。

如果分散了注意力，误咽的危险性就会提高。必须时时关注对方的吞咽动作，这点很重要。

护理餐的必备材料：果冻凝固粉

为了方便咀嚼，护理餐的食材都要切碎。不过，正因为切碎了反而容易在口中散开，容易造成误咽。

为了防止误咽，我给明夫吃的饭菜都做了勾芡，或是做成慕斯和果冻，将食材凝聚起来。这也是和普通饭菜不太一样的地方。

说到"勾芡"，首先想到的是淀粉和葛粉。"将食材凝聚"则会用到吉利丁或是寒天。但是，这些东西制作起来相当费时间。

而且，吉利丁入口遇温即化，变成清爽的液体，寒天则会在口中分散成碎块。这些都是造成误咽的原因。

那么，怎样做才好呢？其实我们常用的食材有很多可以用来勾芡，方便吞咽。比如，具有黏性的山药泥，富含油脂的蛋黄酱、白酱以及芝麻酱或番茄酱等。只要将这些材料与切碎的食材混合后，食物就容易在嘴里形成食团了。

为了制作早中晚三次的饭菜，每次都要对很多食材作勾芡，或是制作成果冻状，这就需要更重要的东西。

这就是：不需要加热和冷却，让食材在嘴里不容易散开的"增稠剂"和变成果冻状的"凝胶化剂"。我将其统称为"果冻凝固粉"。真的省事不少。

市面上也有需要加热和冷却的果冻凝固粉，只要搅入食材中，就能变得黏稠或形成果冻。

只要五分钟果汁就能变身为果冻！

第一次使用这种果冻凝固粉的时候，我打从心底感到惊讶。这个时候我用的是不需要加热和冷却的那种，在橙汁里加入适量的果冻凝固粉，在搅拌机里搅拌，直到果冻凝固粉充分吸收水分，过一会再搅拌即可。

"哇！真的凝固了！只要五分钟，果汁就变成果冻了！而且，味道和风味也没有改变。太厉害了!"

要是没做护理餐的话，我肯定不会知道果冻凝固粉的。而且，只要用一次就再也离不开了，在快速配餐时非常方便。

比如，将茄子去皮后清蒸做成"清蒸茄子"的时候。这道菜虽然本身就很软，很方便食用，但淋上柚子醋就需要下点工夫了。如果将干爽的酱汁直接淋在菜上，可能就会造成误咽。

因此，就要将柚子醋凝固成"柚子醋冻"，然后浇在清蒸茄子上。不仅看起来美味，做法也简单，只需将柚子醋混上果冻凝固粉搅拌即可。而且也不会因为口腔里的温度而融化，就算过上一段时间，也会保持胶冻状。

有了果冻凝固粉真的太好了！

这种防止误咽的对策，正是护理餐和普通餐不同的最大重点。请务必注意，杜绝误咽的发生！

容易造成误咽的食材的六大特征

容易散开的食品	豆渣、肉馅、鱼糕、魔芋、莲藕、花生和寒天等食物切碎后容易在嘴里散落，碎渣容易进入咽喉，引起误咽。此类食材烹饪时要勾芡，或做成泥状，只要增加黏性就容易进食。
酸味的食物	酸味重的食物容易呛人，可用高汤等稀释，减弱酸味。
清爽的液体	水、茶、果汁、汤汁等液体不需要咀嚼，看上去容易咽下，其实也需要细心注意。因为清爽，所以会快速地滑入喉咙，容易造成误咽。
水分少的食物	面包、蛋糕等海绵状的食品，因为水分少，容易在嘴里散开，不容易形成便于吞咽的食团。如果和唾液混合，就会变成黏糊糊的块状，很容易残留在嘴里。如果摄取量太多的话，喉咙也有被堵塞的危险。
形状大小不均的食物	用菜刀等剁碎食物的时候，如果剁碎的每一块大小不一致，或者硬度不同的食材混杂，就很难嚼碎，也就很难形成食团。大小和硬度不一致的食材要统一处理标准。
发黏的食物	切成薄片的黄瓜，因为薄，容易粘在喉咙上，难以咽下。裙带菜、海苔等也一样。酥皮、威化饼、年糕等，都是容易粘在喉咙上的食材。请尽量避免。

第十二章

努力终有回报

流食也能直立堆叠？！

通过口腔康复训练恢复咀嚼吞咽能力

明夫手术后恢复进食的前一天，语言辅导老师来了。

"我们开始口腔康复训练吧。这样有助于恢复咀嚼能力。"

把手放在脖子上，上下牙齿相互咬合，就会发现脖子的肌肉随着下巴的运动而一起运动。因为颈部的肌肉直接连接到肩膀和背部，所以咀嚼和吞咽的动作，只有通过上半身的各种肌肉联动才能完成。

通过运动，提高因疾病和年龄增长而下降的上半身的肌肉力量；通过发声和说话的构音训练，锻炼舌头和嘴唇以及口腔肌肉，恢复咀嚼和吞咽，这就是口腔康复训练。

训练内容里，除了颈部和肩部的伸展运动、背部按摩、用腹式呼吸进行仰卧起坐运动、短语发声练习外，还包括绕口令练习等等。

在健康的人看来，这些运动既简单又枯燥无味，而且也不可能立竿见影。

但是，明夫每天一大早就认认真真默默地做着每一项练习，从不偷懒，也从不用人催。明夫总是积极主动地进行康复训练。

我是第一次见到这样的明夫，说实话，很吃惊。无法想象这是以前总是在家里东倒西歪躺着坐着的明夫。

"只要这样坚持做，就能说话，就能吃东西。这样一来，就能尽早回公司上班了。"我深深感觉到明夫内心的渴望。

这一切深深地打动了我。我必须全力支持明夫才行！

努力终有回报

虽然枯燥乏味，但只要每天坚持不懈地训练，身体的功能就一定能恢复。有一天，明夫喊我："久理子，久理子！快来看，快来看！"走过去一看，明夫在身体前面将双肘和双掌合在一起向上举起手臂，做了个伸展运动。手术后明夫的手肘几乎抬不起来，现在手肘抬得比眼睛的高度还高！"咦，抬得比我还高呢！"明夫听了当然是满脸得意的笑。

坚持做到第十天，明夫连喝三分粥都很吃力。又过了十天出院时，他已经能稍微吃点固体食物了。日复一日的锻炼换来了身体的恢复。

出院后，我配合明夫每天都在家里继续着这项康复训练。

我们在网上搜索了一些顺口溜，然后在每天的康复项目里添加这些有趣又难学的内容。有时候途中出错，他就忍俊不禁笑起来；说得好的时候，他就洋洋得意地说："嘿嘿，怎么样！"因为不甘心，我也挑战了好几次。有说有笑的口腔康复训练，成了我们两个人的快乐时光。

不仅受手术和疾病的影响，有的人随着年龄的增长，上半身的肌肉力量也会衰弱，咀嚼吞咽能力因此受到影响。如果条件允许，一开始家人可以帮助他进行康复，这样病人就能长期坚持下去。等到本人能切实感受到效果后，就会更积极地进行锻炼。正因为枯燥乏味，不会马上产生效果，才需要努力让这些康复运动变成一种乐趣。这样不仅能增加家人之间沟通的机会，而且最重要的是，人的肌肉无论到任何年龄都要得到锻炼。

吮指回味的流食餐的摆盘要诀：
"色彩"和"立体"

很多人看到我做的护理餐之后，总是惊讶地感叹："啊，您真的是在做护理餐吗？"这是因为护理餐在人们的心目里形成了"看起来不好吃"的印象。但是，不管是护理餐还是普通的家常菜，我历来都秉承"首先外观必须要看着好吃"的理念。

　　因为我想看到明夫瞪大眼睛惊呼："哇，看样子很好吃！"吃完之后笑逐颜开连称："真好吃！"是的，我对护理餐的外观如此讲究，理由只有这个。

　　正因为生病，增进食欲的外观，会激发明夫生存的欲望。明夫称赞的笑脸，也成了我的希望之光。我历来就不赞成"流食餐不可能美观"的说法。

　　但是，如果把水济济的食物盛到盘子里无疑会四溢横流，更何况液体状的流质餐了。怎样才能做成让人食欲大增的外观呢？我凝视着这些"流质餐"绞尽了脑汁。

　　答案就是把"横流"的食材"摆盘"成立体状态。

　　灵感就来自我与明夫一起去意大利餐厅和法国餐厅吃过的大菜。他们盛菜不是用平盘，而是用透明的玻璃小蝶和高脚杯，让人可以对菜品的色泽一目了然。

立体造型的主角？就是圆形烤模！

　　把料理倒入正中间，然后去掉模具，就会做成漂亮的筒形。如果将不同的食材重叠成两层、三层，就能做出漂亮又豪华的餐点。

借助透明餐具、保鲜膜和鸡蛋

下面，我来介绍一下具体做法：

以前面提到的那道"清蒸茄子配柚子醋冻"为例，将之摆成立体状。首先，清蒸过的茄子用搅拌机打成泥盛入透明杯中，做出第一层。再注入果冻状的柚子醋，就能透过玻璃杯看到里面颜色迥异的柚子醋和茄子泥。清爽的茄子呈翡翠色，柚子醋冻呈褐色，两种颜色组合起来甚是美丽。参见第101页。

如果是甜点的话，可以在草莓泥里混合打了泡沫的鲜奶油，做成淡粉色的慕斯，在上面加红色的草莓泥，再在上面点缀上一层白色的奶油。粉色和红色层次分明，浓淡相宜，看起来很好吃。蔬菜和水果的鲜艳颜色组合呈现出来的美丽，从玻璃餐具中透射出来。参见第119页。

为了让流动状的食材变得立体，保鲜膜也大有用场。患病之前，明夫最喜欢吃的就是"炸虾条"。于是，我改变了配方，将虾丸的材料做成流质状，这样吃起来比以前更软。然后，将改良后的虾丸用保鲜膜包好，拧成茶巾状，放进微波炉里，再浇上黏稠的和风酱。明夫尝过后笑容满面，高兴地说"好吃"。

为了使食材变软凝固，也要借助刚才的果冻凝固粉和鸡蛋。例如，把鸡蛋混合在做成流质状的食材中蒸，就可以做成有形状的茶碗蒸。利用制作布丁时使用的模具做成茶碗蒸之后，取下模具倒着盛在盘子里，撒上酱汁就能摆成富士山的造型了。参见第104页。

把柔软的食材切成细丝明夫就可以吃了，我还做了塔塔风味的生鱼片(切成细丝后烹调的)。当时用了烘焙用的中空圆形烤模，将干贝、牛油果、金枪鱼的红肉分别切碎之后，叠成三层，再移走烤模就完成了"牛油果塔塔鱼肉"。参见第90页。如果没有中空烤模，也可以将圆形的塑料瓶横切做成圆筒使用，或者把牛奶盒横切后整成圆筒使用。

另外，如果将烘焙纸卷成圆锥状，就成了自制的小型挤花袋（做螺旋面包或烘焙时进行装饰的道具）。挤花袋中放入香草酱，在盘子上画圆点装饰，就显得更加时尚。

以上介绍的菜品，如果保持原有的流质状，盛盘时就会横流，即使味道一样，外观的印象就会完全不同。我觉得食欲也会因此受到影响。

总之，立体堆叠才能色彩缤纷！

第十三章

重温美味时光

巧用冷冻，让护理餐制作轻松愉快

游刃有余心情舒畅，
开动脑筋删繁就简

我本来就喜欢花时间细心地烹调食材，很少买冷冻食品，也很少冷冻保存食材。护理餐更是，每顿都从头开始做起。但是，这样做会把我一整天都拴在厨房，压力也会随之增加。后来，我改为一次将很多蔬菜打成泥冷冻保存，出乎意料，竟大大缩短了烹调时间！

冷冻食材	①

常备的基本"蔬菜泥"

那么，将何种食材在何种状态下冷冻保存，才能对每天的护理餐制作有帮助呢？下面介绍一下久理子自创的冷冻活用食材。

首先，将各种蔬菜打成泥状。

为了让明夫吃得开心，我绞尽脑汁想办法让餐桌上的蔬菜花样尽可能丰富。于是，每天每顿饭都做好几种不同的蔬菜泥。

蔬菜泥的用处很多，可以配菜，可以做汤，可以加鲜奶油做成慕斯。

蔬菜的特点也各有不同。如，菠菜富含高纤维，胡萝卜纹理细腻，土豆富含淀粉。要将这些蔬菜做成泥，需要的工具也各不相同。因此，我家厨房的台面上常常是一片狼藉，有搅拌机、食品处理机、捣泥机等工具，还有蔬菜汁、蔬菜皮等等。一日三餐要做各种各样的蔬菜泥，作业复杂，压力也颇大。

在每天的烹饪作业中，我渐渐摸清了其中的规律，知道了哪种菜常用，如何用。于是我有了主意："一次性多做一些，分成小份冷冻保存起来就好了！"用的时候拿出来，只需解冻就可以，这样烹饪的时间就大大缩短。

一开始我把做好的蔬菜泥放在制冰盒里冷冻，但是冻得硬邦邦的很难取出来。于是，我在网上找到了一家婴儿用品厂商推出的离乳餐分装冷冻容器。产品是硅胶制造的，即使冷冻后里面的东西也可以轻而易举地取出来，还能反复使用。另外还有一款附带盖子的软塑料容器，里面分成了六个或八个小格子，取用方便，还可以反复使用。盛满菠菜、西蓝花、胡萝卜、南瓜、土豆、圆葱、茄子等等各种各样的蔬菜泥的容器整齐地码放在冰箱里，像魔方一般五彩斑斓。参见下页照片。

每次做饭时再也不用从洗菜开始了，只要从冰箱里取出蔬菜泥，就能省去前面的几道工序。以前花一个小时才能完成的

山药泥　圆葱泥

土豆泥

少量米饭

菠菜泥

草莓碎块

西蓝花泥

南瓜泥

摆满蔬菜泥容器的冰箱

胡萝卜、土豆、菠菜、粥、小菜均可冷冻，
烹饪时按需取量，用微波炉转一下，轻轻松松。

饭菜，现在只需十五分钟就搞定了。怎么以前就没想到呢！过去那些辛苦劳作想想可真是不容易啊！

做过离乳餐的人对冷冻保存都了如指掌。因为制作离乳餐的指南书中一定会提到冷冻保存的秘诀。或许有人会感到惊讶："啊，你竟然不知道冷冻保存？"可惜的是，我是在做了好长一段时间护理餐之后才了解到这些的。

亡羊补牢未为晚也。时间宽裕了，心情也从容了。我可以把心思花在如何将明夫最喜欢吃的家常菜做成护理餐上面，再试着创新几道"明夫料理"。要想悉心照顾病人，没有放松的心情和宽裕的时间是很难做好的。我深深体会到这一点。

从每天、每顿饭的手工制作的繁杂流程中解放出来，就有了较多的闲暇时间，我的脑海里会浮现出各种各样的料理创意。待在厨房的时间，也变得令人兴奋和快乐。

※ 各种蔬菜泥的做法参见第 121 页。

分装冷冻，用硅胶容器最方便。

硅胶冷冻之后不会变硬，很容易装取冷冻的蔬菜泥。色彩斑斓，赏心悦目，还可以反复使用。

铁板料理的"冷冻成品"

"啊！睡过头了！"时间紧张的时候，或是"今天身体不舒服"的时候，如果有只需解冻加热即可上桌食用的饭菜就方便多了。

开始使用冷冻蔬菜泥之后，做饭时间变得宽裕了。我开始潜心研究全新的"明夫料理"，把以前明夫"爱吃的必点家常菜"改版成现在明夫也能吃的护理餐。

新菜单有必要先试着做一下，让明夫尝尝。但是，如果失败了怎么办？明夫说"这个不能吃"的话，我就得马上重做新菜。我不想让酷爱美食的明夫等太久。

于是，我决定只挑选明夫以前爱吃而且绝对能吃完的几道菜(如铁板料理)，做成一餐的量，冷冻保存。奶油炖菜、干拌牛肉和全粥都做成了一餐的量后冷冻。这样一来，万一明夫说试做的新菜不能吃，我也可以马上用微波炉加热这些备用菜端上桌。在我没有时间或者身体不舒服的时候，它们不就能帮上大忙了吗？冰箱是强有力的帮手。这下我可以放心了！

明夫出院一个月后的一天，我正在厨房的水槽里修剪花枝，突然感觉到自己拿着花的左手一下子没了力气，花也从手中滑落了。

"咦？怎么回事？"

我一下子慌了："啊，难道是脑梗塞？"

我们常去的那家医院的候诊室里，贴着介绍脑梗塞前兆症状的海报，我每次去医院都会看到，所以我马上就有了不祥的预感。

"糟糕！现在明夫有病，我可不能在这个时候倒下。"

我毫不犹豫决定搭出租车去医院。我一边收拾，一边朝着还躺在床上的明夫喊道："明夫，我好像脑梗塞了！！我现在就去医院。我会联系你的，你在家等我吧。抱歉，让你担心了。你不用特地到医院来。"

说完，我就慌慌张张地出了家门。刚睡醒的明夫好像没能马上理解到底发生了什么，但之后，他也搭出租车赶到了医院找我。

我们常去的那家医院是急诊指定医院，特别是那里的脑外科远近闻名。医生当场就要求我立即住院接受两天的检查，但此刻最让我担心的还是明夫的身体和三餐。

明夫出院之后，好容易身心才稳定下来，渐渐恢复健康，不过还必须接受食道癌手术（第七章曾述及），所以必须让他尽快多吃，恢复体力。在这个刻不容缓的关键时期，我根本无法安心住院。

我向医生说明了情况，但因为需要打点滴和接受检查，最终医生没有同意我在门诊治疗。

万般无奈，我只好吩咐明夫到超市或便利店买些方便粥、味噌汤、布丁之类的方便食品应急。还告诉他，冰箱里有分成小份的冷冻奶油炖菜、打成粗粒的炖牛肉、生姜猪肉和全粥，并且给他画了一张位置图，告诉他这些食物的存放位置，专门注明了各种食物所需的微波炉解冻和加热时间。

平时明夫只有在喝热饮的时候才会使用微波炉，现在到底会不会使用微波炉的解冻功能？我真的放心不下。

经过两天检查，幸好我只是患了一过性脑梗塞，便被"无罪释放"了。我回到家的第一件事就是确认明夫吃饭的情况。我一眼就看到从便利店买来的布丁和味噌汤的空纸筒。那些预先准备的"冷冻成品"、配菜和粥应该也按照说明加热后吃过了。虽然没有平时吃得那么好，但此刻我切实感受到："多亏了这些预先冷冻的成品！"

另外，我在明夫重新上班时带的以蔬菜泥为主的流质便当中，也使用了常备的"冷冻成品"。这也为在忙碌的早晨制作便当提供了很大的帮助。

冷冻食材 | ③

"增味配菜"让味道更香醇

下面介绍能够在菜品里添加香醇美味的"增味配菜"。

这就是"增味实力派前三名"的香菇泥、香肠泥和焦糖色洋葱。

下面就结合着一个个灵光闪现的小故事，来说明使用方法吧。

增味配菜1

香菇泥

"滑溜溜的香菇到了嘴里一下子就喝下去了。"明夫的这句话给我带来了灵感，于是诞生了这款"香菇泥"。将各种香菇加上洋葱火炒后，用搅拌机打成泥，分成小份冷冻保存。

本来明夫特喜欢吃炒香菇和洋葱加高汤炖煮后再用搅拌机打碎制成的浓汤。现在，只需将冷冻的香菇泥直接投入高汤里煮一下就大功告成了。

还有，如果将其加入全粥里就是香菇粥，加入白酱里就是香菇白酱，加进蛋液蒸熟就是西式香菇茶碗蒸，如果再加进煎鸡蛋卷或炒蛋中口味就更佳。总之，只要加入这款香菇酱就能做出各种各样香醇美味的香菇料理。

增味配菜2

香肠泥

怎样才能增进明夫的食欲呢？当我绞尽脑汁冥思苦想的时候，我看到了冰箱里剩下的一根香肠。

这根香肠有猪肉的美味，加到菜里一定很好吃……"就用它了！"于是我将香肠切碎，然后加水打成泥状，分成每份15克冷冻起来。

明夫早餐最爱吃煎鸡蛋卷或炒蛋。我就把香肠泥用微波炉解冻后搅进蛋液中，最后在放了很多奶油的平底锅里快速搅拌。只是加了少许香肠泥，整个风味就大大提升了。猪肉真的很给力！

另外，我还分别把香肠泥加到奶油炖菜、高汤、浓汤和西式茶碗蒸以及粥里。不管加到哪道菜里，都会味道大增，真的太神奇了。我还在洋葱和白菜炖煮得稀烂的汤里，加了少许香肠泥。香肠的醇香提升了蔬菜的清香，可谓相得益彰。

增味配菜3

焦糖色洋葱

洋葱炒熟，香甜可口，但是用普通方法炒出来的洋葱，明夫吃起来有些勉强。于是，我便想到了焦糖色洋葱。花时间慢慢把洋葱炒至焦糖色，绵软柔香，明夫也能吃！

在蔬菜中，焦糖色洋葱的甜味首屈一指，但炒成焦糖色实在太费时间，所以往往被敬而远之。但是，如果把切成碎末的洋葱用微波炉加热后再炒的话，只需要十五分钟就能做好。将其冷冻起来，用时和高汤、浓汤、西式茶碗蒸、番茄酱等搭配，菜品的甜味和香醇会浓郁起来。

感觉有点不够味道，或者想换换口味的时候，用上这三种"增味配菜"就会增鲜提味，大显身手。当然，这些不仅仅用于护理餐，也可以用于普通的家庭料理。将香菇泥、香肠泥和焦糖色洋葱混在蛋液里蒸出来的香菇西式茶碗蒸，其色香味堪比高级法式餐厅里的精品，超级美味！

这三种增味配菜，至今仍是我强有力的烹饪助手。

切成薄片的肉和虾泥造型
再现护理餐的创意和精髓

我不想让明夫吃那些在搅拌机里被搅得面目全非的饭菜，于是我开动脑筋做出了"香软肉馅猪排"和"香软炸虾泥"，让明夫看到，肉有肉的形状，虾有虾的形状。

随着明夫口腔创口逐渐恢复，明夫的饮食已从最初的"不用咀嚼就能咽下的流质食物"，到能吃下"稍微有形状的食物"。我想让爱吃肉的明夫吃到保留肉的形状的料理，便从"舞泉炸猪排"的招牌猪排三明治的那种使肉变软的独特的制作方法中得到了启发。我想，将用肉纤维原本就被切断的肉馅做成的肉丸子擀成四方形薄片，不就可以代替了吗？

现在我回想当时的情况，从开始起意到实际完成，将整个过程介绍一下。

有一天，我无意中将大和煮牛肉罐头（甜辣味炖牛肉）当小菜放在了晚餐桌上。

　　明夫动筷子吃了一口说："这个好吃。"虽然是我自己放在桌上的，但我心里还是有些吃惊："咦？这个你能吃？！"与此同时我也发现，肉只要足够软烂明夫就能吃得下，并了解到肉该多软明夫才能顺利吃下。

　　说干就干，我立刻就开始动手试做起来。

　　为了把肉既做成软到舌头和上颚都能捏碎的程度，又要保留肉的味道和形状，我不断调整肉丸子的材料分量，终于完成了第一号肉丸子，就是将肉馅做成薄片状的"松软鸡肉馅薄片"。用这种薄片肉做了棒棒鸡(参见第102页)和炖煮炸鸡排。炸鸡排软到用筷子就能夹断。我无法忘记明夫吃起来兴高采烈的样子。

　　真想看到更多明夫如此开心的笑容。

　　我顺势做了"松软猪肉馅薄片"和"松软牛猪肉馅薄片"，还做了炸猪排、生姜猪肉、蚝油猪肉盖饭、牛猪肉盖饭、肉豆腐等，着实让明夫吃了一惊。用松软猪肉馅薄片做的猪排三明治，可谓是全家都能享受的极品。

　　并且，可以根据明夫咀嚼的能力调整食物的厚度，增加或减少肉馅薄片的层数。"平时都是叠两片，今天挑战一下叠三片吧！"反之亦然。另外，我注意到，叠的层数厚一些，吃起来感觉会更柔软。虽然在制作过程中，特别是在制作肉馅薄片时吃了不少苦，但是成功的喜悦令人欣慰。如果把这些肉馅薄片冷冻起来，就能让明夫随时享受到美味的肉料理。我的信心也随之不断增强。

肉成功了，再做虾

既然肉成功了，那么海鲜如法炮制也应该能行吧。接下来，我开始挑战虾肉馅。弹性十足的虾肉无法用上额和舌头顶碎，明夫实在吃不了。不过，用我们常吃的招牌菜"炸虾肉馅"配方来做的话，肯定会很好吃。

为了让虾肉馅加热后保持松软，我试着将虾仁打成馅，然后加入了豆腐、山药、鸡蛋，这才调出了"松软虾肉馅"。

将虾肉馅放到挤花袋里，挤成虾的形状，用微波炉加热至半熟，再在其外裹上细面包粉，制成炸虾，既柔软又好吃。用这道"松软虾肉馅"的配方，我还制作出了明夫喜欢吃的"干烧香软虾泥（参见第93页）"和"香软虾泥焗烤通心粉（参见第84页）"。

每次明夫都是两眼放光："久理子不一般，真是天才！"为了让明夫更加开心，我满脑子装的都是制作"明夫料理"的创意点子。对我来说，这段时光过得非常幸福。

现在我仍在试着用肉馅薄片和虾肉馅创作新的菜品。一旦新菜成功，我总会想："真想让明夫尝尝这道菜。"

※"松软肉馅薄片"的制作方法参见第 124 页，"松软虾肉馅"参见第 126 页。

冷冻食材　　⑤

冷冻缩短"粥和面类"的制作时间

你觉得给咀嚼能力下降的人做饭时，最花时间的饭菜是什么呢？

是主食：粥和面类。手术后明夫的第一顿饭是从米汤开始的，其后是三倍粥、全粥，米的分量一点一点地增加。用生米煮一次全粥，需要四十分钟以上，如果每天都吃的话，负担就太重了。于是我把煮好的白米饭加上两倍的水炖成粥。即使如此，每次也要花十五分钟。市面上卖的方便粥都不适合明夫的口腔状态。考虑到每餐的费用，还是在家自己煮比较划算。

还有另一种主食：面类。乌冬面、通心粉、挂面都得花上比常规时间长三倍的时间慢慢煮，才能软到明夫能吃的程度。

每餐光做主食就占用了我大量的时间。所以，冷冻保存就能解决这个大问题。

能吃到家常饭菜是多么美好的事情啊。我是从明夫得病后才感知到的。刚煮好的白饭又软又黏还有弹性，看上去都让人流口水。可是，明夫手术后已经无法正常咀嚼，品不出其中的甘美味道了。

退一步，至少我要让他吃上可口的粥和面。可是，每次要煮到明夫吃得下的软度实在是太费事了。就跟发现蔬菜泥一样，我终于发现："有了！只要分成一餐份的量冷冻保存就行了！"

将煮得软烂的全粥分成一餐份的量冷冻保存，吃之前加热即可上桌。我还找来了正好能装一人份的冷冻专用盒，可以摞起来，方便得很。

只要将冷冻蔬菜泥加进粥里就成了味道浓郁的蔬菜粥，加进中华高汤里就成了中华粥，每次明夫吃起来都连声叫好，兴高采烈。

将乌冬面、通心粉、挂面也一次大量煮熟后，切成方便食用的长度，分成一人份的量冷冻起来。用这些冷冻面，三下五除二就能做成加入肉丸子的关西乌冬、咖喱乌冬、汤面、焗烤通心粉等等明夫喜欢的各种面。

第十四章

"蔬菜泥"的魅力

从护理餐到"新家常菜"

"蔬菜泥料理"老少咸宜

如前所述，将蔬菜泥分成小份冷冻起来，就可以快速烹饪了。但是必须告诉大家，蔬菜泥的魅力其实不只是这些。

它的另一个魅力是，即使饮食不受限制的家人来吃，也会觉得蔬菜泥做出的饭菜相当好吃。病人不会因为吃的是"与家人不同的护理餐"而感到孤独，可以全家享受同样的饭菜。我曾跟明夫吃的是同样的饭菜，到现在蔬菜泥料理依然是我的最爱。换言之，只要使用蔬菜泥，家人吃的饭菜也可以和护理餐一样短时间完成，全家人都能吃上同样的饭菜。

"咦？家人也能吃护理餐？"或许有人会产生这种疑问。

其实蔬菜泥只是将蔬菜煮熟搅碎的方便食材而已。因此，用蔬菜泥做出的饭菜才会演变出各种风味。护理餐用的主要食材是蔬菜泥，而家庭餐则可以加上有嚼劲的鱼肉等食材，增加分量。只要以蔬菜泥为基本食材，同样的饭菜可以分别做成护理餐和家常餐两种。

比如下面这些情况。

用土豆泥为基底做焗烤虾肉土豆奶油饼的时候，病人的护理餐用的是无需咀嚼的"松软虾肉馅",家人餐就用弹性十足的普通虾仁。这样就可以一举两得,各得其所。

用南瓜泥做浓汤时,护理餐只用南瓜泥,而家人餐就可以加入煎得酥脆的培根、面包丁或香葱末等配菜进行点缀。将香菇酱做成的奶油白酱淋在护理餐的煎鸡蛋卷上,家人要吃的话就加上切成薄片的香菇、洋葱、香芹等,如此就能全家共享同一种蔬菜泥做成的饭菜。蔬菜泥料理,可以一举两得!

备好食品,防患未然

我也极力向吃得下软食的老年人推荐蔬菜泥。把蔬菜泥加到粥里做成蔬菜粥,加到高汤里做成蔬菜浓汤,信手拈来就能品尝到各种风味。只要习惯了用蔬菜泥烹饪饭菜,就能减轻吞咽不利时带来的困忧。

只要对蔬菜泥有所了解,或者平常常利用蔬菜泥烹饪,就算遇到需要照顾家人之类的突发情形,至少不用担心如何烹饪的问题。我家的冰箱里现在一直常备着冷冻蔬菜泥,在忙得不可开交的时候,这些蔬菜泥就会大显身手,堪称我的左膀右臂。

蔬菜泥并不是护理餐的专利,而是一种崭新的烹饪方式,老少咸宜，可以尽情享用。蔬菜泥料理的未来前途无量，请各位务必尝试一下！

结语

回首过去，当初我进入"护理餐的烹饪世界"时，懵懵懂懂，如入五里雾中。

心里忐忑焦虑："我要尽快走出迷境，去帮助明夫才行！"

眼前的现实是，对于未知的世界，此前积累的经验未必分文不值。

我记得，当我悟出"护理餐只不过是独辟蹊径的家常菜"的时候，眼前豁然开朗，顿觉心旷神怡。

我认为，发挥自己的创意做就好。只要明夫开心说好吃，菜的名字全都不再重要。

每个人都可能因疾病、事故或年老的原因，突然失去正常的进食能力。走向衰老是每个人都无法回避的。因此，如何做好护理餐其实也是与我们每个人密切相关的问题。所以，我衷心希望，将来能出现比现在更方便的食品，更便利的服务，让老人乃至所有人都能享受到"尽享美食"的每一天。

用各家各户风味各异的"功夫菜"，描绘出千家万户的"美味笑脸"。

是明夫让我体会到，为心爱的人做饭有多么开心。我也感谢与明夫一起度过的那些美好的时光，成就我走上了专业的料理制作之路。我已经和天堂里的明夫约好：我要让他看到更多更美味的"希望之餐"，为更多的人提供帮助。

明夫，我无法为你分担痛苦，真的抱歉。还有，我要感谢你直到最后时刻都是那样的坚强和温柔，一直相信着我。谢谢了。

"久理子，真了不起！"明夫的声音，一直留在我的心里。希望今后也能得到明夫的夸奖："久理子，你真帅气！"鼓励我努力生活下去。

最后，我要借此机会感谢对我的家庭照护体验有同感，并大力支持我的日经商务编辑部的山中浩之先生和日野直美小姐。同时，向最理解我的朋友福井弘枝小姐表示深深的谢意。

谢谢诸位阅读本书。

久理子 （保森千枝）

Akio's Photo   2012. Nov.